市政工程质量检测

主编○李　燕　孙海枫

参编○乔晓霞　邹　宇

西南交通大学出版社

·成都·

图书在版编目（CIP）数据

市政工程质量检测／李燕，孙海枫主编. —成都：
西南交通大学出版社，2016.11（2021.2 重印）
ISBN 978-7-5643-5128-1

Ⅰ. ①市… Ⅱ. ①李… ②孙… Ⅲ. ①市政工程－工
程质量－质量检验 Ⅳ. ①TU99

中国版本图书馆 CIP 数据核字（2016）第 270682 号

市政工程质量检测
主编 李 燕 孙海枫

责 任 编 辑	曾荣兵	
助 理 编 辑	张秋霞	
封 面 设 计	何东琳设计工作室	
出 版 发 行	西南交通大学出版社 （四川省成都市金牛区二环路北一段 111 号 西南交通大学创新大厦 21 楼）	
发 行 部 电 话	028-87600564　028-87600533	
邮 政 编 码	610031	
网　　　　址	http://www.xnjdcbs.com	
印　　　　刷	四川煤田地质制图印刷厂	
成 品 尺 寸	185 mm × 260 mm	
印　　　　张	7	
字　　　　数	145 千	
版　　　　次	2016 年 11 月第 1 版	
印　　　　次	2021 年 2 月第 2 次	
书　　　　号	ISBN 978-7-5643-5128-1	
定　　　　价	21.00 元	

课件咨询电话：028-87600533
图书如有印装质量问题　本社负责退换
版权所有　盗版必究　举报电话：028-87600562

前　言

　　"市政工程质量检测"自 2010 年开始进行"基于工作过程"的课程改革，本书是配合行动教学的引导课本，是学生学习用书。

　　改革后的课程内容以市政一线的真实工作任务为载体，选取了路基、路面、基层、地基、桥梁、管道等施工过程中检测频率高、仪器设备先进、检测方法科学的十四个试验检测任务，将基本概念、试验原理、数据处理、评定规则等融合在检测任务中。试验原理、基本概念等内容主要采用了问题引导的方式，以利于培养学生的自主学习能力；具体的试验步骤，仍然沿用了传统教材方式给予详细列出，以规范学生的操作。

　　本书由四川交通职业技术学院李燕主编。具体编写分工如下：任务一、二、三、六、七由李燕编写，任务四、五、八由乔晓霞编写，任务九、十、十一、十二由孙海枫编写，任务十三、十四由邹宇编写。在本书的编写过程中，得到企业、兄弟院校、系部的大力支持，在此表示感谢。本书由核工业西南勘察设计研究院教授级高工蒋泽汉主审。

　　由于"基于工作过程"的课程改革是一项尝试中的工作，故书中难免有不妥之处，请同行和读者批评指正。

编　者

2016 年 6 月

目　录

任务一　路基和基层材料强度检测（CBR）

学习任务

某高速公路的路基填料为细粒土，请检测其强度，并判断是否可以用于路基的路堤工程。

知识与能力训练

1．理解 CBR 的概念和计算方法。
2．会根据填料情况选择相应试验工具。
3．能根据试验规程完成室内 CBR 填料的强度测定和计算，并确定填料强度是否符合要求。

工期要求

6 学时。

一、任务准备

引导问题一：什么叫 CBR?

1．简述 CBR 的定义：

2．用公式表示 CBR 的定义：

3. 说一下何时需要做填料的 CBR 试验。

4. 根据规范要求，计算本任务中高速公路上路堤要求的 CBR 值。

小测试：我们学过很多材料的强度测定，请完成表 1-1 中所列内容。

表 1-1　材料强度测定方法

材　料	强　度	单　位	主要仪器设备
水泥			
混凝土			
石料			
钢筋			

引导问题二：简述检测材料的 CBR 的思路。

所有材料的强度测试，都需要先将材料成型。CBR 试验在成型的时候考虑了对路基（或基层）材料实际工作情况的模拟：路基（或基层）是经过碾压的，试验中；路基（或基层）可能在浸水条件下工作，试验中；路基（或基层）还有其他结构层的荷载，试验中。

二、计划与决策

引导问题三：简述本次检测所需要的规范、规程。

引导问题四：本次检测所需要的工具有哪些？请填写表 1-2。

表 1-2　工具清单

试验项目	工具名称	规格型号	责任人
CBR 试验			

三、实施与控制

引导问题五：简述击实试验的闷料。

1. 什么是四分法？画出四分法的示意图。

2. 计算本次试验预估的最佳含水量。

3. 分别计算本次试验 5 个试样的含水量。

4. 说出本次试验的闷料时间。

引导问题六：简述击实试验的装料与击实。

试验规程规定如下所示。

1. 标定试筒容积：用游标卡尺量出试筒直径及高度，计算出试筒容积 V（大试筒高度应除去垫块高度）。

2. 安装试模、装土：称量击实筒质量 m_1 后，将击实筒连同击实底座放在坚硬的地面上，在筒壁上抹一薄层凡士林或机油，并在筒底（小试筒）或垫块（大试筒）上放张滤纸。取制备好的土样分 5（小试筒）或 3（大试筒）次倒入筒内。小试筒分五层，每次 400～500 g；大试筒分三层，每层须试样 1 700 g 左右（其量应使每层击实后的试样略高于筒高的 1/5）。

装上套筒，按上述方法装入试样，整平表面，稍加压紧，然后按规定的击数进行第一层土的击实，击实时击锤应自由垂直落下，锤迹必须均匀分布于土样表面，第一层击实完成后，将试样层面"拉毛"，然后再装下一层土（每层土质量应大致一样），重复上述方法进行其余各层土的击实。小试筒击实后，试样不应高于筒顶面 5 mm；大试筒击实后，试样不应高出筒顶面 6 mm。

3．修平、称重：修土刀沿套筒内壁削刮，使试样与套筒脱离后，扭动并取下套筒，齐筒顶细心削平试样，拆除底板，擦净筒外壁，称量 m_2（筒和土的总质量），精确至 1 g。

4．测含水量：用脱模机或推土器推出筒内试样，从试样中心处取样测其含水率，计算至 0.1%。

按表 1-2 规定取试样土数量测定含水率，两个试样含水率的精度应符合表 1-3 规定。

表 1-3　测定含水率用试样的数量

最大粒径/mm	试样质量/g	试样个数
<5	15～20	2
约为 5	约为 50	1
约为 20	约为 250	1
约为 40	约为 500	1

本试验含水率需进行两次平行测定，取其算术平均值，允许平行差值应符合表 1-4 的规定。

表 1-4　含水率测定的允许平行差值

含水率/%	允许平行差值/%	含水率/%	允许平行差值/%
5%以下	0.3%	40%以上	≤2%
40%以下	≤1%		

引导问题七：如何推算最大干密度和最佳含水量？

以干密度为纵坐标，含水率为横坐标，绘制干密度与含水率的关系曲线，曲线上峰值点的纵、横坐标分别为最大干密度和最佳含水率。如曲线上不能绘出明显的峰值点，则应进行补点或重做，如表 1-5 所示。

表 1-5　标准击实试验记录表

工程名称				施工单位			
取样地点				试验依据			
土样类别				试验日期			
击实筒号		击实筒容积/cm³		击锤质量/g		落距/cm	
每层击实数		土中最大颗粒直径/mm		大于5mm颗粒含量/%			

	编号	1	2	3	4	5
湿密度	试筒质量/g					
	试筒和湿土质量/g					
	湿土质量/g					
	湿土密度/g·cm⁻³					
含水量	盒　号					
	盒质量/g					
	盒和湿土质量/g					
	盒和干土质量/g					
	水质量/g					
	干土质量/g					
	含水量/%					
	平均含水量/%					
干密度/g·cm⁻³						

干密度与含水量的关系曲线：

结　论	最大干密度/g·cm⁻³	
	最佳含水量/%	

试验：　　　　　　　　　　　　　计算：

四、总结与反馈

1. 本次任务完成情况自评。

2. 简述本次任务增加的经验值。

任务二 路基碾压质量检测（击实）

学习任务

某二级公路，拟从某山头借方。请检测该山头土方能否作为填料，并测定其最大干密度和最佳含水量。

知识与能力训练

1. 理解含水量、干密度、压实度的概念和计算方法。
2. 会根据填料情况选择相应试验工具。
3. 会测定填料的含水率。
4. 能根据试验规程完成击实试验并确定填料的最大干密度和最佳含水量。

工期要求

4 学时。

一、任务准备

引导问题一：哪些材料可以用作路基的填料？

1. 填料选择首先要考虑的是就地取材，以挖做填，或者就近借方，但某些材料是不能用于填方的，请列举你认为不适合做填料的材料。

2. 查取路基施工规范（给出规范的名称和编号）中关于填料的规定。

3. 判断填料是否合格，常常需要做含水率试验。请回答以下问题。

（1）含水率的定义：

（2）含水率的测量方法 1：

（3）含水率额测量方法 2：

小测试：下面的说法是否正确？

如果湿土的质量为 100 g，烘干后干土的质量为 5 g，则土的含水率为 5%。

引导问题二：现场取土应注意哪些事项？

1. 讨论：什么叫"盖山土"？

2. 讨论：行话中"干密度不能一票到底"是什么意思？

3. 如果现场为细粒土，则应取土样（   ）kg。

引导问题三：为什么要测定填料的最大干密度和最佳含水量？

二、计划与决策

引导问题四：本次检测所需要的规范、规程有哪些？

引导问题五：本次检测所需要的工具有哪些？请补充完成表 2-1。

表 2-1　试验工具

试验项目	工具名称	规格型号	责任人
击实试验			

三、实施与控制

引导问题六：简述击实试验的闷料。

1. 什么是四分法？画出四分法的示意图。

2. 计算本次试验预估的最佳含水量。

3. 计算本次试验 5 个试样的含水量。

4. 本次试验的闷料时间应为（　　　　　　）min。

引导问题七：简述击实试验的装料与击实。

试验规程的相关规定如下。

1. 标定试筒容积：用游标卡尺量出试筒直径及高度，计算得出试筒容积 V（大试筒高度应除去垫块高度）。

2. 安装试模、装土：称量击实筒重 m_1 后，将击实筒连同击实底座放在坚硬的地面上，在筒壁上抹一薄层凡士林或机油，并在筒底（小试筒）或垫块（大试筒）上放张滤纸。取制备好的土样分 5（小试筒）或 3（大试筒）次倒入筒内。小试筒分五层，每次 400～500 g；大试筒分三层，每层须试样 1700 g 左右（其量应使每层击实后的试样略高于筒高的 1/5）。

装上套筒，按上述方法装入试样，整平表面，稍加压紧，然后按规定的击数进行第一层土的击实，击实时击锤应自由垂直落下，锤迹必须均匀分布于土样表面，第一层击实完后，将试样层面"拉毛"，然后再装下一层土（每层土应大致一样重），重复上述方法进行其余各层土的击实。小试筒击实后，试样不应高于筒顶面 5 mm；大试筒击实后，试样不应高出筒顶面 6 mm。

3. 修平、称重：修土刀沿套筒内壁削刮，使试样与套筒脱离后，扭动并取下套筒，齐筒顶细心削平试样，拆除底板，擦净筒外壁，称量 m_2（筒和土的质量），准确至 1 g。

4. 测含水量：用脱模机或推土器推出筒内试样，从试样中心处取样测其含水率，计算至 0.1%。

按表 2-2 规定取试样土数量测定含水率，两个试样含水率的精度应符合表 2-3 的规定。标准击实试验记录表如表 2-4 所示。

表 2-2　测定含水率用试样的数量

最大粒径/mm	试样质量/g	试样个数
<5	15～20	2
约 5	约 50	1
约 20	约 250	1
约 40	约 500	1

本试验含水率须进行两次平行测定，取其算术平均值，允许平行差值应符合表 2-3 规定。

表 2-3　含水率测定的允许平行差值

含水率/%	允许平行差值/%	含水率/%	允许平行差值/%
5%以下	0.3%	40%以上	≤2%
40%以下	≤1%		

引导问题八：如何推算最大干密度和最佳含水量？

　　以干密度为纵坐标、含水率为横坐标，绘制干密度与含水率的关系曲线，曲线上峰值点的纵、横坐标分别为最大干密度和最佳含水率。如曲线不能绘出明显的峰值点，应进行补点或重做。

表 2-4　标准击实试验记录表

工程名称				施工单位				
取样地点				试验依据				
土样类别				试验日期				
击实筒号：	击实筒容积/cm³			击锤质量/g			落距/cm	
每层击实数：	土中最大颗粒直径/mm				大于 5 mm 颗粒含量/%			
湿密度	编　　号	1	2	3	4	5
	试筒质量/g					
	试筒+湿土质量/g					
	湿土质量/g					
	湿土密度/g·cm⁻³					
含水量	盒　　号					
	盒质量/g					
	盒+湿土质量/g					
	盒+干土质量/g					
	水质量/g					
	干土质量/g					
	含水量/%					
	平均含水量/%					
干密度/g·cm⁻³						
干密度与含水量的关系曲线：						
结　　论	最大干密度/g·cm⁻³					
	最佳含水量/%					

试验：　　　　　　　　　　　　　　　计算：

- 11 -

四、总结与反馈

1. 本次任务完成情况的自评。

2. 简述本次任务增加的经验值。

任务三　路基碾压质量检测（压实度）

学习任务

某二级公路，路基碾压到距离路床底 120 cm 的高度，填料为细粒土，已按试验路段的碾压次数完成碾压，请检测碾压质量，决定是否可以进行下一层施工。

知识与能力训练

1. 进一步理解含水量、干密度、压实度的概念和计算方法。
2. 会选择压实度的检测方法和检测工具。
3. 会进行量砂密度的检测和锥体体积的标定。
4. 会灌砂法测定压实度。

工期要求

6 学时。

一、任务准备

引导问题一：检测路基碾压质量的思路是怎样的？

检测路基碾压质量，就是检测路基碾压后土方的实际密实度，与该填料所能达到的最大密度相比较，得到压实度，再与规范中规定的指标相比较。根据教师讲解整理如表 3-1 所示的概念和计算式。

表 3-1　相关概念对照表

	概　念	计算公式	如何测定
密度			
干密度			
最大干密度			
压实度			

二、计划与决策

引导问题二：本次检测所需要的规范、规程有哪些？

1. 查找规范中有关压实度的规定,明确二级公路距路床底 150 mm 的压实度要求。

2. 简述若要判断压实度是否合格,需要做哪些工作。

引导问题三：本次检测所需要的工具有哪些？请根据表 3-2 填写。

表 3-2　试验工具

试验项目	工具名称	规格型号	责任人
压实度试验			

三、实施与控制

引导问题四：现场检测压实度之前,还需要准备哪些数据？

1. 已经取得了填料的最大干密度,要检测压实度,需要取得现场压实土方的实测干密度,根据干密度计算公式(　　　　),这需要测出(　　　　)和(　　　　)进行计算。

2. 如何测出现场土方的湿密度呢？请简述灌砂法的基本过程。

3. 根据试验规程，本次试验选用的工具有哪些？

4. 为了测出现场土方的湿密度，还需要提前取得（　　　　　）和（　　　　　）两个参数。

试验规程相关规定如下。

1. 确定灌砂筒下部圆锥体内砂的质量。

（1）在灌砂筒筒口处向灌砂筒装砂，装至距筒顶 15 mm 左右，称筒加砂的总质量为 m_1，准确至 1 g。每次标定及之后的现场试验都维持该质量不变。

（2）将灌砂筒放在标定罐上，打开开关，让砂自由流出，直到储砂筒内的砂不再往下流时，关闭开关，称量筒内剩余砂加灌砂筒的质量 m_2，精确至 1 g。

（3）往不晃动装有剩余砂的灌砂筒并轻轻放在玻璃板上，打开开关，让砂流出，直到筒内砂不再往下流时，关上开关，并小心地取走灌砂筒。

（4）收集并称量留在玻璃板上的砂或称量筒内的砂，精确至 1 g。玻璃板上的砂就是填满灌砂筒下部圆锥体的砂 m_3。

（5）重复上述测量 3 次，取其平均值。

2. 确定量砂的松方密度。

（1）用水确定标定罐的容积 V，精确至 1 mL。先称量空罐质量，再称量装满水的标定罐质量（用直尺或玻璃片辅助观察是否装满水）。

（2）按式（3-1）计算填满标定罐所需砂的质量 m_a。

$$m_a = m_1 - m_2 - m_3 \qquad (3-1)$$

式中　m_a——标定罐中砂的质量（g），计算至 1g；

　　　m_1——灌砂入标定罐前，筒内砂与灌砂筒的总质量（g）；

　　　m_2——灌砂入标定罐后，筒内剩余砂加灌砂筒的质量（g）；

　　　m_3——灌砂筒下部圆锥体内砂的平均质量（g）。

（3）按式（3-2）计算标准砂的松方密度 ρ_s。

$$\rho_s = \frac{m_a}{V} \qquad (3-2)$$

式中　ρ_s——标准砂的松方密度（g/cm³），计算至 0.01 g/cm³；

　　　V——标定罐的体积（cm³）；

　　　m_a——标定罐中砂的质量（g）。

标准砂的密度标定如表 3-3 所示，标定罐的体积标定如表 3-4、表 3-5 所示。

表 3-3 标准砂密度标定

灌砂前灌砂筒和砂总质量 m_1/g	灌砂后灌砂筒+剩余砂质量 m_2/g	消耗标准砂质量 m_3/g	平板上再放出锥体后剩余砂+灌砂筒质量 m_4/g	灌砂筒锥体容砂质量 m_5/g	标定罐容砂质量 m_6/g	标准砂密度 /g·cm^{-3}	
						单值	平均值
		m_1-m_2		m_2-m_4	m_3-m_5		

表 3-4 标定罐体积标定

标定罐、毛玻璃和水的总质量/g	标定罐容水质量/g	水温/°C	水的密度/g·cm^{-3}	标定罐体积/cm^3	
				单值	平均值

表 3-5 灌砂筒锥体体积标定

标准砂密度/g·cm^{-3}	灌砂筒锥体容砂质量/g	锥体体积/cm^3

小测试：什么样的砂可以用作量砂？

引导问题五：如何测出现场压实度？

1. 本次试验检验对象：道路等级位置。

2. 要求达到的压实度为多少？

3. 填料情况选用的工具为（　　　　　　）。

根据试验规程可知如下操作步骤。

1. 在试验地点，选一块平坦表面，并清扫干净。

2. 将基板放在此平坦表面上，如表面的粗糙度较大，则将盛有量砂 m_1 的灌砂筒放在基板中间的圆孔上，打开灌砂筒开关，使砂流入基板的中孔内，直到储砂筒内的砂不再下流时关闭开关。取下罐砂筒，并称筒内砂的质量 m_4，精确至 1 g。

3. 取走基板，将留在试验地点的量砂收回，重新将表面清扫干净。

4. 将基板放回清扫干净的表面上，沿基板中孔凿洞。在凿洞过程中，应注意不使凿出的试样丢失，并随时将凿松的材料取出，放在塑料袋内密封。试洞的深度应等于测定层厚度，但不得有下层材料混入，最后将洞内的全部凿松材料取出。称量重量 m_w，精确至 1 g。

5. 从挖出的全部试样中取有代表性的样品，放入铝盒或搪瓷盘中，测定其含水率 ω。样品数量如表 3-6 所示。

表 3-6　测含水量需要样品数量

试筒型号	土粒径	测含水量取料量
ϕ100 mm 灌砂筒	细粒土	≥100 g
	中粒土	≥500 g
ϕ150 mm 大灌砂筒	细粒土	≥200 g
	各种中粒土	≥1 000 g
	粗粒土或五级结合料稳定材料	取全部材料烘干且不小于 2 000 g

6. 将基板安放在试洞上，将灌砂筒放在基板中间（灌砂筒内放满砂 m_1），使灌砂筒的下口对准基板的中孔及试洞。打开灌砂筒开关，让砂流入试洞内，直至灌砂筒内砂不下流时，关闭开关。小心取走灌砂筒，称量筒内剩余砂加灌砂筒的质量 m_5，准确至 1 g。

7. 如清扫干净的平坦的表面上粗糙度不大，则省去 2 和 3 步，将灌砂筒直接放在已挖好的试洞上。打开筒的开关，让砂流入试洞内。在此期间，应注意勿碰灌砂筒。直到灌砂筒的砂不再往下流时，关闭开关。仔细取走灌砂筒，称量筒内剩余砂加灌砂筒的质量 m_6，准确至 1 g。

8. 取出试洞内的量砂，以备下次试验时再用。若量砂的湿度已发生变化或量砂中混有杂质，则应重新烘干，过筛，并放置一段时间，使其与空气的湿度达到平衡后再用。

本次试验的压实度检测原始记录如表 3-7 所示。

表 3-7 压实度检测原始记录

施工部位				检测日期			
检测段落				检测人员			
试验规程				填料种类			
序 号			1	2	3	4
检 测 桩 号						
取 样 层 位						
取 样 深 度/cm						
现场湿密度	土样总质量/g					
	量砂+灌砂筒总质量/g					
	剩余量砂+灌砂筒质量/g					
	量砂消耗质量/g					
	量砂密度/g·cm⁻³					
	试坑+锥体体积/cm³					
	灌砂筒锥体体积/cm³					
	试坑体积/cm³					
	土样湿密度/g·cm⁻³					
含水量	盒质量/g					
	盒+湿土质量/g					
	盒+干土质量/g					
	水质量/g					
	干土质量/g					
	含水量/%					
干密度/g·cm⁻³						
含石率/%						
最大干密度/g·cm⁻³						
压实度/%						
要求压实度/%						
结 论						

小测试：试验过程中采取了哪些措施以确保量砂是自由下漏的？

四、总结与反馈

1. 本次任务完成情况的自评。

2. 本次任务增加的经验值包括哪些？

任务四　路基与基层材料的强度测定
（无机结合料稳定材料无侧限抗压强度测定）

学习任务

某二级公路基层，采用的是水泥稳定中粒土集中厂拌法施工，试根据设计要求进行水泥稳定土配合比设计。

知识与能力训练

1. 掌握测定无机结合料稳定土的含水量、干密度意义和试验方法。
2. 会测定混合料的含水率。
3. 能根据试验规程及规范独立完成无机结合料稳定土配合比设计。
4. 会使用无侧限抗压强度试验仪器进行试验操作，并对试验结果进行分析与整理。
5. 能测定无机结合料稳定土抗压强度。
6. 能对评定单元路基施工质量进行检测与评定。

工期要求

6学时。

一、任务准备

引导问题一:无机结合料稳定类材料适用于各级公路的基层和底基层填料，根据结合料的种类和土的粒径大小进行分类。

1. 查取公路路面基层施工规范（给出规范的名称和编号）中关于组成材料的规定。

2. 如何选取结合料的种类？需要测定土的液塑限试验及集料筛分试验。
（1）液塑限的定义：
（2）液塑限的测量方法：
（3）颗粒分析的定义：
（4）颗粒筛分的测量方法：
小测试：下面的说法是否正确？
（1）某黏性土的液限含水量为 35%，塑限含水量为 17%，则塑性指数为 18。
（2）塑性指数为 15~20 的黏性土，以及含有一定数量黏性土的中粒土和粗粒土均适宜于石灰稳定土。

引导问题二：无机结合料稳定土基层施工需要进行哪些试验检测？

路基施工过程中，为了保证施工质量，各个环节都需要进行质量检测，无机结合料稳定土材料的基层需要进行下列试验检测，结合规范中规定的指标要求。根据老师的讲解整理如表 4-1 所示的各项的概念和计算式。

表 4-1 无机结合料稳定土基层试验检测

检测项目	测定的意义	测定方法	计算公式
无机结合料含量			
基层材料含水量			
无侧限抗压强度			

二、计划与决策

引导问题三：本次检测所需要的规范、规程有哪些？

（1）查找规范中有关无机结合料稳定土配合比设计的步骤，可知：二级公路底基层水泥稳定中粒土的压实度要求是（   ），无侧限抗压强度要求是（   ）。

（2）用作底基层时，水泥稳定土的颗粒组成范围如表4-2所示。

表 4-2　基层水泥稳定土的颗粒组成

筛孔尺寸/mm	53	4.75	0.6	0.075	0.002
通过质量百分率/%	100%	50%～100%	17%～100%	0%～50%	0%～30%

（3）做底基层用水泥稳定中粒土配合比设计，水泥剂量范围为（　　　　　　）。

（4）判断无侧限抗压强度的依据是什么？

引导问题四：本次试验的检测项目如表 4-3 所示。本次检测所需要的工具有哪些？

表 4-3　试验检测项目

试验检测项目	工具名称	规格型号	责　任　人
无侧限抗压强度			
基层材料含水量			

三、实施与控制

引导问题五：简述无机结合料稳定土配合比设计过程。

引导问题六：无侧限抗压强度试件如何成型？

1. 水泥稳定土含水量测定时，将烘箱温度调整到（　　）°C左右，对其他材料，烘箱调到（　　）°C左右。

2. 无侧限抗压强度试模尺寸为（　　）。

3. 无侧限抗压强度试验前须测定不同水泥剂量稳定土的最大干密度和最佳含水量，当试件中大于规定最大粒径的超尺寸颗粒的含量小于（　　）时，可以不进行校正，超尺寸颗粒的含量为（　　）时，应按规范规定对最大干密度和最佳含水量进行校正。

4. 无侧限抗压强度试验，最少试件数量：细粒土（　　），中粒土（　　），粗粒土（　　）。

引导问题七：无侧限抗压强度试件如何养生？

1. 中试件和大试件成型后，从试模内脱出量高、称重后，应装入后放入养护室养护。

2. 标准养护时间，标准养护条件温度，湿度。

3. 无侧限抗压强度试件养生最后一天，需将试件浸泡于（　　），应使水面在试件顶上约（　　），浸水（　　）h。

引导问题八：无侧限抗压强度如何测定？

1. 无侧限抗压强度试验过程中，应保持加载速度为 1 mm/min。

2. 同一组试验的变异系数 C_v（%）满足：小试件，中试件，大试件，认为试验有效。

按照试验规程规定，无侧限抗压强度试验过程如下所示。

1. 试料准备。

（1）取一定具有代表性的风干试料（必要时在 50 ℃ 烘箱烘干），用木锤或木碾捣碎，但应避免破碎粒料的原粒径。将土过筛并进行分类（粗粒、中粒、细粒）备用。

（2）在预定做试验的前一天，取有代表性的试料测定其风干含水量。细粒土不小于 100 g，中粒土不小于 1 000 g，粗粒土不小于 2 000 g。

（3）用击实法确定无机结合料混合料的最佳含水量和最大干密度。

（4）称取一定质量的风干土，其质量随试件大小而变。制备一个预定干密度的试件，需要的稳定土混合料数量 m_1（g）计算公式如下：

$$m_1 = \rho_d V(1+w) \tag{4-1}$$

式中　V——试模的体积（cm）；

　　　w——稳定土混合料的含水量（%）；

　　　ρ_d——稳定土试件的干密度（g·cm^{-3}）。

对于细粒土，至少制备 6 个试件（每个需料 180 ~ 210 g）；对于中粒土，至少制备 9 个试件（每个需料 1 700 ~ 1 900 g）；对于粗粒土，至少制备 13 个试件（每个需料 5 700 ~ 6 000 g）。

2. 成型。

（1）根据击实结果，并根据无机结合料的配合比计算每个试件需要的各种材料质量。

（2）将称好的料放在拌和盘内，向土内加水拌和。细粒土使其含水量较最佳含水量小 3%，中粒及粗粒土按最佳含水量加水；对于水泥稳定类材料，加水量应比最佳含水量小 1% ~ 2%。

（3）加水闷料：黏性土为 12 ~ 24 h；粉性土为 6 ~ 8 h；砂性土、砂砾土、红土砂砾、级配砂砾等可以缩短到 4 h 左右，含土很少的未筛分碎石、砂砾及砂可缩短至 2 h。闷料时间不超过 24 h。

（4）试件成型前 1 h 内，在浸润过的试料中，加入预定数量的水泥或石灰并拌和均匀。在拌和过程中，将预留的水（细粒土为 3%，水泥稳定类为 1% ~ 2%）加入土中，使混合料达到最佳含水量。

（5）试模的下垫块放入试模的下部，外露 2 cm 左右。将称量好的稳定土混合料分 2 ~ 3 次装入试模中，每次装完用夯锤轻轻均匀插实。小试件可一次倒入试模中，然后将上垫块放入试模内，使其外露 2 cm。

（6）将整个试模放在反力框架内的千斤顶上，以 1 mm/min 的速度加压，直到上下压柱都压入试模为止。维持压力 2 min。

（7）解除压力后，放在脱模机上脱模。水泥稳定黏结性材料可立即脱模，水泥稳定无黏结性材料最好过 2~4 h 后脱模，对于中、粗粒土的无机结合料稳定材料，最好过 2~6 h 脱模。

（8）称质量：大试件精确到 0.1 g，中试件精确到 0.01 g，小试件精确到 0.01 g。量高度精确到 0.1 mm。

3. 养生。

称完质量的试件立即放入塑料袋中，排除空气，用潮湿毛巾覆盖移至养生室，养生 7 d。

养生条件：养生室温度（20±2）℃。湿度≥95%，试件最好放在架子上，间距为 10~20 mm。养生 6 d，最后一天需泡水，水面淹没试件表面 2.5cm。

养生期间试件的质量损失应满足：大试件≤10 g，中试件≤4 g，小试件≤1 g。质量损失超过规定，试件作废。

4. 无侧限抗压强度测定。

（1）将已浸水一昼夜的试件从水中取出，用软布吸去试件表面水，称取试件质量 m_4。

（2）用游标卡尺量试件高度 h_1，准确至 0.1 mm。

（3）将试件放于路面材料强度仪（或压力机）上，进行抗压试验。试验过程中，保持形加载速率为 1 mm/min，记录试件破坏时的最大压力 P（N）。

（4）从试件内部取有代表性的样品（经过打碎）测定其含水量。

5. 计算。

（1）试件的无侧限抗压强度 R_c 用式计算：

$$R_c = \frac{P}{A} \tag{4-2}$$

式中　P——试件破坏时的最大压力（N），计算至 0.1。

　　　A——试件的截面面积（$A = \frac{\pi}{4}D^2$，D 为试件的直径，单位为 mm）。

（2）同一组试件试验中，采用 3 倍均方差法剔除异常值，小试件可以允许 1 个异常值，中试件 1~2 个，大试件 2~3 个，异常值超过这个范围试验重做。

6. 注意事项。

（1）闷料时拌和均匀的加有水泥的混合料应在 1 h 内完成时间的制作。超过 1 h 则试件作废。其他结合料稳定土，其混合料虽不受此限，但也应尽快制成试件。

（2）在脱模器上取试件时，应用双手抱住试件侧面的中下部，然后沿水平方向轻轻旋转，待感觉到试件移动后，再将试件轻轻捧起，放置到试验台上，切勿直接将试件向上捧起。

（3）考虑到试件成型过程中的质量损耗，实际操作过程中每个试件的质量可增加 0~2%。

（4）制件时试件高度误差：小试件为 -0.1~0.1 cm，中试件为 -0.1~0.15 cm，大试件为 -0.1~0.2 cm。质量损失不超过标准值：小试件为 5 g，中试件为 25 g，大试件为 50 g。

无机结合料稳定材料无侧限抗压强度试验记录如表 4-4 所示。

表 4-4　无机结合料稳定材料无侧限抗压强度试验记录

试验依据标准						
试样名称、编号				结合料种类、剂量/%		
制件方法	试件尺寸/mm	>4.75 mm 颗粒含量/%		最大干密度/ $g \cdot cm^{-3}$	试件压实度/ %	试件干密度/ $g \cdot cm^{-3}$
静压法	$\phi150\times150$					
称量器具型号、编号				制件日期	年　月　日	
试件养生温度/℃、湿度/%				试件浸水起始时间	年　月　日　时	
试件浸水结束时间		年 月 日 时		试验机型号、编号		
度盘或量力环规格/kN				试验日期	年　月　日	
试件编号						
养生前试件质量/g						
浸水前试件质量/g						
浸水后试件质量/g						
养生浸水前质量损失/g						
吸水量/g						
养生前试件高度/mm						
浸水后试件高度/mm						
量力环量表读数/0.01 m						
试件破坏荷载/N						
试件受压面积/mm²						
无侧限抗压强度 R_c/MPa						
试件个数 n/个	无侧限抗压强度平均值 $\overline{R}_c$/MPa				标准差 S/MPa	变异系数 C_v/%

无侧限抗压强度满足要求判定依据：$\overline{R} \geqslant R_d(1-Z_aC_v)$（高速公路、一级公路应取保证率 95%，即 $Z_a=1.645$，其他公路应取保证率 90%，即 $Z_a=1.282$）

其他记录计算	

- 26 -

四、总结与反馈

1. 本次任务完成情况的自评。

2. 简述本次任务增加的经验值。

任务五　路基与基层材料的强度测定
（无机结合料含量测定）

学习任务

某二级公路基层，采用的是石灰稳定中粒土集中厂拌法施工，试检测现场无机结合料稳定材料中水泥剂量是否符合设计要求。

知识与能力训练

1. 掌握工地快速测定水泥和石灰稳定材料中水泥和石灰剂量的方法。
2. 能检查现场拌和与摊铺的均匀性。
3. 会使用 EDTA 滴定法测定水泥和石灰稳定材料中水泥和石灰剂量的试验仪器。
4. 能根据试验规程及规范独立完成试验操作，并对试验结果进行分析与整理。
5. 能对评定单元路基施工所用无机结合料稳定材料水泥或石灰剂量进行检测。
6. 能对评定单元路基施工所用无机结合料稳定材料拌均匀性进行检测。

工期要求

4 学时。

一、任务准备

引导问题一:无机结合料稳定类材料适用于各级公路的基层和底基层填料，根据结合料的种类和土的粒径大小，进行分类。

请查取公路路面基层施工规范（给出规范的名称和编号）中关于组成材料的规定。

小测试：请判断如下说法是否正确。

1. 某水泥稳定土的灰剂量为 5%，即如果水泥是 5 g，则水泥稳定土为 10 g。

2. 水泥稳定土中水泥的剂量含量越高，则该稳定土铺筑的基层强度越高。

引导问题二：无机结合料稳定材料结合料含量测定有哪些试验方法？其中快速测定方法是哪个？

路基施工过程中，为了保证施工质量，各个环节都须进行质量检测，施工前应结合规范中规定的指标要求对无机结合料稳定土材料的剂量及均匀性进行试验检测。根据老师的讲解整理如表 5-1 所示的概念和计算式。

表 5-1　无机结合料含量测定

检测项目	测定的意义	测定方法	计算公式
无机结合料含量			
结合料含量测定			

二、计划与决策

引导问题三：本次检测所需要的规范、规程有哪些？

1. 查找规范有关无机结合料稳定材料结合量剂量测定的方法及步骤，二级公路基层水泥稳定中粒土结合料剂量测定方法有：（　　　　　）和（　　　　　）。

2. EDTA 滴定法所需配置的化学试剂及浓度有：（　　　　　）、（　　　　　）及（　　　　　）。

3. 直读式测钙仪法所需配置的化学试剂及浓度有：（　　　　　）、（　　　　　）及（　　　　　）、（　　　　　）、（　　　　　）。

引导问题四：本次检测所需要的工具有哪些？请填写表 5-2。

表 5-2　检测所需工具

试验项目	工具名称	规格型号	化学试剂	用量	责任人
EDTA 滴定法					
直读式测钙仪法					

三、实施与控制

引导问题五：简述所需化学试剂配制过程。

引导问题六：EDTA 滴定法标准曲线中标准试剂的土样如何配制？

1. 工地用石灰和集料，风干后分别过（　　　）mm 筛。
2. 可以采用（　　　）法测定石灰集料含水量。
3. 混合料各材料用量的计算如下。
（1）干混合料质量 =
（2）干土质量 =
（3）干石灰（或水泥）质量 =
（4）湿土质量 =
（5）湿石灰质量 =
（6）石灰土应加入的水的质量 =
4. EDTA 滴定法标准曲线试验，最少制备几个不同灰剂量的混合料，中粒土、粗粒土每个样品取（　　　）g 左右，细粒土每个样品取（　　　）g 左右。

引导问题七：EDTA 滴定法标准曲线如何绘制？

1. 取一个盛有试样的盛样器，在盛样器内加入（　　　）倍试样质量体积的氯化铵溶液。如湿料质量为 300 g，则氯化铵溶液为（　　　）mL。

2. 混合液搅拌时间为（　　　）min，搅拌速度为每分钟（　　　）次。

3. 静置出澄清液后，取将澄清液转移到 300 mL 烧杯中，搅匀，加盖待测。

4. 用移液管吸取上层（液面上（　　　）cm）悬浮液（　　　）mL 放入 200 mL 三角瓶内，用量管量取氢氧化钠溶液（　　　）mL 倒入三角瓶中，此时 pH 值为（　　　）。摇匀，混合液加入钙红指示剂后，溶液呈（　　　）现色，混合液滴入 EDTA 溶液滴定结束后，溶液呈现（　　　）色为止，计算滴定管中 EDTA 消耗量。

5. 标准曲线横坐标为（　　　），纵坐标为（　　　），图形为（　　　）形。

引导问题八：现场稳定土石灰（或水泥）剂量如何测定？

现场取样测定时同样根据粗细程度称取（　　　）g，加入（　　　）g 氯化铵搅拌，静置测定，其他步骤同标准曲线，测定现场土样中 EDTA 消耗量，从标准曲线中查出对应的灰剂量。

引导问题九：操作中注意事项有哪些？

1. EDTA 滴定法试验过程中，每个试样搅拌时间、速度和方式、静置时间应力求（相同/不同）。

2. 不同龄期应该用（相同/不同）的 EDTA 二钠消耗量的标准曲线。

3. 试验操作过程中，每个样品的搅拌时间、速度和方式应力求（相同/不同）。

4. EDTA 二钠滴定时，溶液从玫瑰红变为葡萄紫时应（加速/减慢）滴定速度，直到溶液变为纯蓝色为止。

5. 配置的氯化铵溶液（必须/不必）当天用完。

试验规程规定：无机结合料稳定土结合料含量剂量测定。

1. 准备标准曲线。

（1）取样：取工地用石灰和土，风干后测其含水量（如为水泥，可假定其含水量为 0）。

（2）混合料组成的计算如下所示。

① 干混合料质量 = 湿混合料质量/（1+含水量）。

② 干土质量 = 干混合料质量/（1+石灰或水泥剂量）。

③ 干石灰或水泥质量 = 干混合料质量 – 干土质量。

④ 湿土质量 = 干土质量×（1 + 土的风干含水量）。

⑤ 湿石灰质量 = 干石灰质量 × （1 + 石灰的风干含水量）。

⑥ 石灰土中应加入的水 = 湿混合料总质量 – 湿土质量 – 湿石灰质量。

（3）准备 5 种已知灰剂量的试样：每种 2 个样品（以水泥稳定类为例），每个样品取 1 000 g 左右（细粒土可取 300 g）准备试验。

其中一种混合料水泥剂量接近现场灰剂量，其余 4 种混合料的灰剂量分别以这一灰剂量递增及递减 2%、4%（如工地灰剂量在 5% 左右，则标准曲线的灰剂量可为 0%、2%、4%、6%、8%）。混合土的含水量应等于工地预期达到的最佳含水量，土中所加水应与工地所用水相同。每种剂量取两个试样，测定结果取平均值作为最终结果。

（4）滴定。

① 向 300 g 混合料中加入浓度 10% 的氯化铵溶液 600 mL（如混合料取 1 000 g，氯化铵溶液 2 000 mL），放于搪瓷杯中搅拌 3 min，每分钟 110 ～ 120 次（料为 1 000 g，则用力震荡 5 min，每分钟（120±5）次）。沉淀 10 min 后取上部澄清液（若沉淀 10 min 后得到的是混浊悬浮液，则应增加沉淀时间，直到出现澄清悬浮液，并记录所需时间，以后所有该种水泥（或石灰）稳定材料的试验，均以同一时间为准）。然后将上部清液转移到烧杯中，搅匀，加盖表面皿待测。

② 用移液管吸取上层（液面下 1 ～ 2 cm）悬浮液 10 mL，放入 200 mL 三角瓶内，加入 50 mL 浓度 1.8% 的氢氧化钠溶液，此时溶液 pH 值为 12.5 ～ 13.0。然后加入钙红指示剂，摇匀，溶液呈玫瑰红色。

③ 用 EDTA 二钠标准液滴定到纯蓝色为止，记录 EDTA 二钠消耗量，读至 0.1 mL。

④ 其他搪瓷杯中试样同样方法试验，并记录各自 EDTA 二钠标准液消耗量。

⑤ 以同一水泥或石灰剂量（%）稳定材料消耗 EDTA 二钠毫升数的平均值为纵坐标，以水泥或石灰剂量（%）为横坐标制图。两者的关系应是一根顺滑的曲线，如图 5-1 所示。如素土、水泥或石灰改变，必须重做标准曲线。

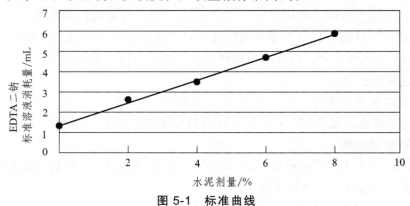

图 5-1　标准曲线

2. 试验步骤如下所示。

（1）从现场取有代表性的无机结合料稳定土，细粒土称取 1000 g，中、粗粒土取 3000 g。

（2）称取 300 g，细粒土加入 600 mL（中、粗粒土称取 1000 g，加 2000 mL）浓度为 10%的氯化铵溶液，放入搪瓷杯中搅拌，然后如前述步骤进行试验。

（3）利用所绘制的标准曲线图，根据所消耗的 EDTA 二钠毫升数，确定混合料中水泥或石灰的剂量。

3. 试验注意事项如下。

（1）每个试样搅拌时间、速度和方式、静置时间应力求相同。

（2）EDTA 二钠滴定过程中，溶液由玫瑰红变为葡萄紫时，应减慢滴定速度，直到溶液变为纯蓝色为止。

（3）配置的氯化铵溶液最好当天用完，不要放置过久，以免影响试验的精度。

（4）为减少中、粗粒土的离散，宜按设计级配单份参配的方式备料。

EDTA 滴定法测定石灰剂量标准曲线过程如表 5-3、表 5-4 所示。

表 5-3 EDTA 滴定法测定石灰剂量标准曲线（一）

结构层名称：　　　　　　　　　试验者：

稳定剂种类：　　　　　　　　　水泥名称：

试样标号：　　　　　　　　　　试验日期：

平行试样	1			2			平均 EDTA 二钠耗量/mL
剂量	V_1/mL	V_2/mL	EDTA 二钠耗量/mL	V_1/mL	V_2/mL	EDTA 二钠耗量/mL	

表 5-4　EDTA 滴定法测定石灰剂量标准曲线（二）

试样编号	V_1/mL	V_2/mL	EDTA 二钠消耗量/mL	平均 EDTA 二钠消耗量/mL	结合料剂量/%
1					
2					

引导问题十：如何绘制无机结合料含量标准曲线？

以已知水泥剂量为横坐标，EDTA 消耗量为纵坐标，绘制水泥剂量-EDTA 消耗量的关系曲线。

引导问题十一：如何确定现场水泥稳定土水泥剂量？

从现场取样，用相同化学试剂和试验过程，用 EDTA 滴定，记录 EDTA 消耗量，从标准曲线上查出对应的水泥剂量，从而判断现场水泥稳定土水泥剂量是否满足要求。

四、实施与控制

1. 本次任务完成情况的自评。

2. 本次任务增加的经验值包括哪些？

任务六 路面弯沉测定与评价

国内外普遍采用回弹弯沉值来表示路基路面的承载能力，回弹弯沉值越大，承载能力越小，反之，则越大。某一级公路采用沥青路面，进行竣工验收，现需要检测回弹弯沉值。

知识与能力训练

1. 什么是贝克曼梁。
2. 贝克曼梁法测回弹弯沉值目的与适用范围。
3. 贝克曼梁法数据处理时支点修正、温度修正的方法。
4. 回弹弯沉常用检测方法及其适用范围。

工期要求

2 学时。

一、任务准备

引导问题一：影响路基路面回弹弯沉值的因素有哪些？

设计弯沉值即路面设计控制弯沉值，是路面竣工后第一年不利季节，路面在标准轴载作用下，所测得的最大回弹弯沉值，理论上是路面使用周期中的最小弯沉值。它是路面验收检测控制的指标之一。竣工验收弯沉值是检验路面是否达到设计要求的指标之一。当路面厚度计算以设计弯沉值为控制指标时，则验收弯沉值应小于或等于设计弯沉值；当厚度计算以层底拉应力为控制指标时，应根据拉应力计算所得的结构厚度，重新计算路面弯沉值，该弯沉值即竣工验收弯沉值。

小测试：下面的说法是否正确？

1. 沥青路面弯沉验收应在施工结束后立即检测。

2. 弯沉测试中的自动弯沉仪法属于动态测试方法。

3. 水泥混凝土上加铺沥青面层的复合式路面，沥青面层应检测路表弯沉。

4. 半刚性基层沥青面层弯沉测试时，可采用 5.4 m 的贝克曼梁，但应进行支点修正。

引导问题二：各基压力下的回弹变形值加上该级的影响量后，则为计算回弹模量，当使用非标准车其他类型测试车时，各级压力下的影响量与哪些因素有关？

二、计划与决策

引导问题三：弯沉测试方法有哪几种？各测试方法有何特点？

根据《公路工程质量检验评定标准》(JTGF80-1-2012)，路基、柔性基层、沥青路面弯沉评定弯沉代表值为弯沉测量值的上波动界限，该如何计算？

引导问题四：路面采用贝克曼梁法检测回弹弯沉值所需要的工具有哪些？
（见表 6-1）

表 6-1　贝克曼梁法检测回弹弯沉值所需工具

试验项目	工具名称	规格型号	责任人
贝克曼梁法检测回弹弯沉值			

三、实施与控制

引导问题五：沥青面层弯沉检测中，应进行哪几方面的修正？为什么？

试验规程规定如下。

1. 试验方法与步骤。

（1）试验前准备工作。

① 检查并保持测定用标准车的车况及刹车性能良好，轮胎内胎符合规定充气压力。

② 向汽车车槽中装载（铁块或集料），并用地中衡称量后轴总质量，符合要求的轴重规定，汽车行驶及测定过程中，轴重不得变化。

③ 测定轮胎接地面积：在平整光滑的硬质路面上用千斤顶将汽车后轴顶起，在轮胎下方铺一张新的复写纸，轻轻落下千斤顶，即在方格纸上印上轮胎印痕，用求积仪或数方格的方法测算轮胎接地面积，精确至 0.1 cm²。

④ 检查弯沉仪百分表测量灵敏情况。

⑤ 当在沥青路面上测定时，用路表温度计测定试验时气温及路表温度（一天中气温不断变化，应随时测定），并通过气象台了解前 5d 的平均气温（日最高气温与最低气温的平均值）。

⑥ 记录沥青路面修建或改建时材料、结构、厚度、施工及养护等情况。

（2）检测步骤。

① 在测试路段布置测点，其距离随测试需要而定，测点应在路面行车车道的轮迹带上，并用白油漆或粉笔划上标记。

② 将试验车后轮轮隙对准测点后 3 ~ 5 cm 处的位置上。

③ 将弯沉仪插入汽车后轮之间的缝隙处，与汽车方向一致，梁臂不得碰到轮胎，弯沉仪测头置于测点上（轮隙中心前方 3 ~ 5 m 处），并安装百分表于弯沉仪的测定杆上，百分表调零，用手指轻轻叩打弯沉仪，检查百分表是否稳定回零。弯沉仪可以是单侧测定，也可以双侧同时测定。

④ 测定者吹哨发令指挥汽车缓缓前进，百分表随路面变形的增加而持续向前转动。当表针转动到最大值时，迅速读取初读数 L_1。汽车仍在继续前进，表针反向回转：待汽车驶出弯沉影响半径（3 m 以上）后，吹口哨或挥动红旗指挥停车。待表针回转稳定后读取终读数 L_2。汽车前进的速度宜为 5 km/h 左右。

（3）弯沉仪的支点变形修正。

当采用长度为 3.6 m 的弯沉仪对半刚性基层沥青路面、水泥混凝土路面等进行弯沉测定时，有可能引起弯沉仪支座处变形，因此测定时应检验支点有无变形。此时应用另一台检验用的弯沉仪安装在测定用的弯沉仪的后方，其测点架放于测定用弯沉仪的支点旁。当汽车开出时，同时测定两台弯沉仪的弯沉读数。如检验用弯沉仪百分表有读数，即应该记录并进行支点变形修正。当在同一结构层上测定时，可在不同的位置测定 5 次，求平均值，之后每次测定时以此作为修正值。

（4）结果计算及温度修正。

① 计算测点的回弹弯沉值。

路面温度为 T 的回弹弯沉值：

$$L_{\text{T}} = (L_1 - L_2) \times 2 \tag{6-1}$$

② 进行弯沉仪支点变形修正时，计算路面测点的回弹弯沉值。

③ 沥青面层厚度大于 5 cm 且路面温度超过（20 ± 2）℃ 的范围时，回弹弯沉值应进行温度修正。

④ 计算平均值和标准差时，应将弯沉特异值舍弃。对舍弃的弯沉值过大的点，应

找出其周围界限，进行局部处理。用两台弯沉仪同时进行左右轮弯沉值测定时，应按两个独立测点计，不能采用左右两点的平均值。

⑤ 弯沉代表值不大于设计要求的弯沉值时得满分，大于时得零分。

路基路面弯沉检测记录表如表 6-2 所示。

表 6-2 路基路面弯沉检测记录表（贝克曼梁法）

任务编号：

基本信息	工程项目名称：						
	结构部位或里程桩号：			检测方法依据：			
	检测环境：			检测日期：			
	主要设备名称及编号：						

测量桩号	左轮弯沉（0.01 mm）			右轮弯沉（0.01 mm）			备注
	初读数	终读数	弯沉值	初读数	终读数	弯沉值	
1							
2							
3							
4							
5							
6							
7							
8							
9							
10							
11							
12							
13							
14							
15							
备注：							

校核：　　　　　　　　　　　　　　　　　　　　　　　　　　检测：

试验规程规定：落锤式弯沉仪与贝克曼梁弯沉仪对比试验步骤如下。

小测试：某新建路面竣工后，在不利季节测得某路段路面的弯沉值如表 6-3 所示，路面设计弯沉值为 40 mm（0.01 mm），试判断该路段的弯沉值是否符合要求。保证率系数取 1.645。

表 6-3　某路段路面的弯沉值　　　　　　　　　　　　　　　单位：mm

序号	1	2	3	4	5	6	7	8	9	10	11	12	13	14	15	16	17	18	18	20	21	22
l_i(0.01 mm)	30	29	31	28	27	26	33	32	30	30	31	29	27	26	32	31	33	31	30	29	28	28

任务七　土基与路面材料回弹模量检测（承载板法）

📖 学习任务

本次试验将以某高速公路为背景，通过承载板法来计算路基的回弹模量。

🎯 知识与能力训练

1. 土基回弹模量定义。
2. 承载板法测量土基回弹模量原理、特点及适用范围。
2. 承载板法测量土基回弹模量试验步骤及停止加载的原则。
3. 承载板法测量土基回弹模量数据处理。

🧭 工期要求

4 学时。

一、任务准备

引导问题一：影响土基回弹模量的因素有哪些？

路基作为路面结构的基础，其抗变形能力对路面结构的强度、刚度和稳定性起着决定性的作用。根据我国《公路沥青路面设计规范》（JTG D50—2006）的沥青路面设计方法，我国路面结构设计中，路基力学性能参数均要采用路基回弹模量，因此路基回弹模量是我国路基设计的重要力学参数，因其受土质、含水量、压实度、测试方法等诸多因素的影响，使其数值的确定比较困难，也就给设计与施工带来很多不确定因素和问题。

根据《公路沥青路面设计规范》（JTG D50—2006），新建公路初步设计时，可根据查表法、室内试验法、换算法等，经综合分析、论证，确定沿线不同路基状况的路基回弹模量设计值。通过现场测定路基回弹模量值与压实度、路基稠度或室内试验测定路基土回弹模量值与室内路基土 CBR 值等资料，建立可靠的换算关系，利用换算关系计算现场路基回弹模量。当路基建成后，在不利季节实测各路段路基回弹模量代表值，以检验是否符合设计值的要求。现场实测方法宜采用承载板法，也可采用贝克曼梁弯沉仪法。若在非不利季节测试，则应进行修正。

固定土质种类的情况下，土基回弹模量值随着含水量和密实度的变化而变化，特别是含水量对回弹模量的影响最大。有关资料显示，保持干密度不变，仅含水量增加1%（绝对值）可使土基回弹模量降低 8%～18%，平均降低 11%。如考虑含水量增加常使干密度减小，则含水量增加 1%使回弹模量降低的百分率还要大于 11%。

小测试：下面的说法是否正确？

1. 路表回弹模量越大，表示路基路面的整体承载能力越大。

2. 用承载板测定土基回弹模量，当其回弹变形大于 1 mm 时，即可停止加载。

3. 承载板法测定回弹模量时，应采用逐级加载—卸载的方式。

4. 对同一测点采用承载板法和贝克曼梁法测得的土基模量一般是不一致的。

5. 回弹模量反映了材料的弹性特性。

6. 承载板测定回弹模量，采用逐级加载、卸载的方式进行测试。

7. 承载板法测定回弹模量一般采用加载、卸载的办法进行试验，由于测试车对测定点处的路面会产生影响，故要进行总影响量测定，并在各分级回弹变形中加上该影响量值。

引导问题二：各基压力下的回弹变形值加上该级的影响量后，则为计算回弹模量，当使用非标准车其他类型测试车时，各级压力下的影响量与哪些因素有关？

二、计划与决策

引导问题三：本次检测所需要的规范、规程有哪些？

查找（ ）规范中有关承载板法测回弹模量的规定，用千斤顶加载，采用逐级加载—卸载法，简述每级加载卸载要求。

引导问题四：承载板法测回弹模量所需要的工具有哪些？请填写表 7-1。

表 7-1　承载板法测回弹模量所需工具

试验项目	工具名称	规格型号	责任人
承载板法试验			

三、实施与控制

引导问题五：土基回弹模量 E_0 测定点结果如何计算？

试验规程规定如下。

1. 准备工作。

（1）汽车装载，称后轴的质量。

（2）绑扎加劲工字梁，量测加劲梁与后轴的距离（80 cm）。

（3）标定千斤顶（油压表读数与荷载关系曲线）。

（4）检查弯沉仪与百分表的灵敏度。

（5）准备附属的仪具与材料。

2. 测试步骤。

（1）选择测点，平整土基表面，安放仪器。

（2）预压到 0.05 MPa，稳压 1 min，卸载，稳压 1 min，将指针调 0，或记录初始读数。

（3）测定土基的压力变形曲线。采用逐级加载、卸载法，压力小于 0.1 MPa 时，每级增加 0.02 MPa，以后每级增加 0.04 MPa。为了可以使加载和计算方便，加载数值可适当调整为整数。每一次加载到预定的荷载之后，稳定 1 min，立即读记两台弯沉仪百分表数值，然后轻轻地放开千斤顶的油门卸载，至 0 以后，待卸载稳定再次读数，每一次卸载之后百分表不再对零，当两台弯沉仪百分表读数之差小于平均值的 30% 时，取平均值。如果超过 30%，则应重测。当回弹变形值超过 1 mm 时，即可停止加载。

（4）计算回弹变形和总变形

（5）测定总影响量 a。

（6）在测点下取样，测定材料的含水量。

（7）在紧靠试验点旁边的适当位置，用灌砂法或环刀法等测定土基密度。

3. 计算。

（1）各级荷载下的回弹变形：

回弹变形=（加载后读数平均值 – 卸载后读数平均值）×弯沉仪杠杆比

（2）总回弹变形：

总回弹变形 =（加载后读数平均值 – 加载初始前的读数平均值）×弯沉仪杠杆比

（3）各级荷载下的影响量：

各级荷载下的分级影响量

$$a_i = (T_1 + T_2)\pi D^2 P_i \times a/(4T_1 \times Q) \tag{7-1}$$

式中　T_1——测试车前后轴距；

　　　T_2——加劲小梁距后轴；

　　　D——承载板直径；

P_i——测试车后轴重；

a——总影响量；

a_i——该级压力的分级影响量。

（4）各级荷载下的土基回弹模量：

$$E_i = \pi D \times P_i(1 - \mu^2)/4 \times L_1 \qquad (7\text{-}2)$$

式中　E_i——相对于各级荷载下的土基回弹模量；

　　　μ——土的泊松比；

　　　D——承载板直径

　　　P_i——承载板压力；

　　　L_1——相对于荷载 P_i 的回弹变形（cm）。

（5）土基回弹模量：

$$E_0 = \pi D \times \sum P_i(1 - \mu^2)/4 \times \sum L_1 \qquad (7\text{-}3)$$

式中　E_0——土基回弹模量；

　　　μ——土的泊松比；

　　　D——承载板直径；

　　　P_i——承载板压力；

　　　L_1——相对于荷载 P_i 的回弹变形（cm）。

承载板测试记录表如表 7-2 所示。

表 7-2　承载板测试记录表

路线和编号						路面结构				
测定层位						测定用汽车型号				
承载板直径/cm						测定日期		年　月　日		
千斤顶读数	荷载 P/kN	承载板压力 P/MPa	百分表读数（0.01 mm）			总变形(0.01 mm)	回弹变形(0.01 mm)	分级影响量(0.01 mm)	计算回弹变形(0.01 mm)	E_i /MPa
			加载前	加载后	卸载后					

试验规程规定：简述承载板法测定土基回弹模量的主要过程。

小测试：

1. 用承载板测土基回弹模量，当其变形大于（　　　）时，终止加载。

    A. 0.5 mm   B. 1 mm

    C. 1.5 mm   D. 2 mm

2. 现场采用承载板测定土基回弹模量时，如果不考虑总影响量，得到的土基回弹模量值与真实值比较，会（　　　）。

    A. 偏大   B. 偏小

    C. 相同   D. 偏大偏小无规律

3. 在 $E_0 = \dfrac{\pi D}{4} \cdot \dfrac{\sum p_i}{\sum l_i}(1 - \mu_0^2)$ 的含义是（　　　）。

    A. 各级计算回弹变形值

    B. 最后一级计算回弹变形值

    C. 变形≤1 mm 的各级计算回弹变形值

    D. 变形≤2 mm 的各级计算回弹变形值

4. 采用承载板法测定土基回弹模量，当回弹变形值超过（　　　）时，即可停止加载。

    A. 0.5 mm   B. 1 mm

    C. 1.5 mm   D. 2 mm

四、总结与反馈

1. 本次任务完成情况的自评。

2. 本次任务增加的经验值包括哪些？

任务八　路基路面几何尺寸与路面厚度检测

学习任务

某新建城镇公共设施和工业企业的室外路基路面几何尺寸与路面厚度检测及验收。

知识与能力训练

1．路基路面各部分的宽度及总宽度测定。
2．纵断面高程测定。
3．路面横坡测定。
4．测量实际路面中心线与设计路面中心线的距离作为中心偏位。
5．计算评定路段平均值、标准差、变异系数，注明不符合规范要求的断面。
6．挖坑法测定路面厚度，钻孔取样法测定路面厚度，地质雷达检测路面厚度。
7．路面结构层厚度评定。

工期要求

4 学时。

一、任务准备

引导问题一：路基路面几何尺寸测试准备工作？

根据《城镇道路工程施工质量验收规范》（CJJ1—2008），主要检测土方路基、石方路基、石灰稳定土，石灰、粉煤灰稳定砂砾（碎石），石灰、粉煤灰稳定钢渣基层及底基层、沥青混合料（沥青碎石）基层、沥青混合料面层都需要检测纵断高程及中线偏移，以及还需要检测宽度及横坡。

查取路基施工规范（给出规范的名称和编号）中关于热拌沥青混合料面层的纵断高程及中线偏移、宽度及横坡的允许偏差、检测频率及方法规定。

小测试：热拌沥青混合料面层中面层、底面层都需要进行哪些检测？
提示：根据《城镇道路工程施工质量验收规范》（CJJ 1—2008）进行解答。

引导问题二：根据《公路路基路面现场测试规程》（JTG E60—2008），公路路基路面现场测试随机选点方式是怎样的？

对公路路基路面各个层次进行各种测定时，为采取代表性试验数据，往往用随机取样选点的办法确定测点区间、测定断面、测定位置。随机取样选点是按照数理统计原理，在路基路面现场测定时决定区间、测定断面、测点位置的方法。也可以采用 Excel 电子表格等软件或计算器中的随机函数代替模数来计算测点位置。

随机取样选点法需要的材料有：钢尺、皮尺、硬纸片（共 28 块，编号为 1 ~ 28，每块大小为 2.5 cm × 2.5 cm，装在一个布袋内）、骰子（2 个）、毛刷、粉笔等。

1. 测定断面或测定区间的确定方法。

一般取样的随机数表如表 8-1 所示。

表 8-1　一般取样的随机数表（前 5 栏）

栏号 1			栏号 2			栏号 3			栏号 4			栏号 5		
A	B	C	A	B	C	A	B	C	A	B	C	A	B	C
15	0.033	0.578	05	0.048	0.879	21	0.013	0.220	18	0.089	0.716	17	0.024	0.863
21	0.101	0.300	17	0.074	0.156	30	0.036	0.853	10	0.102	0.330	24	0.060	0.032
23	0.129	0.916	18	0.102	0.191	10	0.052	0.746	14	0.111	0.925	26	0.074	0.639
30	0.158	0.434	06	0.105	0.257	25	0.061	0.954	28	0.127	0.840	07	0.167	0.512
24	0.177	0.397	28	0.179	0.447	29	0.062	0.507	24	0.132	0.271	28	0.194	0.776
11	0.202	0.271	26	0.187	0.844	18	0.087	0.887	19	0.285	0.089	03	0.219	0.166
16	0.204	0.012	04	0.188	0.482	24	0.105	0.849	01	0.326	0.037	29	0.264	0.284
08	0.208	0.418	02	0.208	0.577	07	0.139	0.159	30	0.334	0.938	11	0.282	0.262
19	0.211	0.798	03	0.214	0.402	01	0.175	0.647	22	0.405	0.295	14	0.379	0.994
29	0.233	0.070	07	0.245	0.080	23	0.196	0.873	05	0.421	0.282	13	0.394	0.405
07	0.260	0.073	15	0.248	0.831	26	0.240	0.981	13	0.451	0.212	06	0.410	0.157
17	0.262	0.308	29	0.261	0.037	14	0.255	0.374	02	0.461	0.023	15	0.438	0.700
25	0.271	0.180	30	0.302	0.883	06	0.310	0.043	06	0.487	0.539	22	0.453	0.635
06	0.302	0.672	21	0.318	0.088	11	0.316	0.653	08	0.497	0.396	21	0.472	0.824
01	0.409	0.406	11	0.376	0.936	13	0.324	0.585	25	0.503	0.893	05	0.488	0.118
13	0.507	0.693	14	0.430	0.814	12	0.351	0.275	15	0.594	0.603	01	0.525	0.222
02	0.575	0.654	27	0.438	0.676	20	0.371	0.535	27	0.620	0.894	12	0.561	0.980
18	0.591	0.318	08	0.467	0.205	08	0.409	0.495	21	0.629	0.841	08	0.652	0.508
20	0.610	0.821	09	0.474	0.138	16	0.445	0.740	17	0.691	0.583	18	0.668	0.271
12	0.631	0.597	10	0.492	0.474	03	0.494	0.929	09	0.708	0.689	30	0.736	0.634
27	0.651	0.281	13	0.498	0.892	27	0.543	0.387	07	0.709	0.012	02	0.763	0.253
04	0.661	0.953	19	0.511	0.520	17	0.625	0.171	11	0.714	0.049	23	0.804	0.140
22	0.692	0.089	23	0.591	0.770	02	0.699	0.073	23	0.720	0.695	25	0.828	0.425
05	0.779	0.346	20	0.604	0.730	19	0.702	0.934	03	0.748	0.413	10	0.843	0.627
09	0.787	0.173	24	0.654	0.330	22	0.816	0.802	20	0.781	0.603	16	0.858	0.849
10	0.818	0.937	12	0.728	0.523	04	0.838	0.166	26	0.830	0.384	04	0.903	0.327
14	0.905	0.631	16	0.753	0.344	15	0.904	0.116	04	0.843	0.002	09	0.912	0.382
26	0.912	0.376	01	0.806	0.134	28	0.969	0.742	12	0.884	0.582	27	0.935	0.162
28	0.920	0.163	22	0.878	0.884	09	0.974	0.046	29	0.926	0.700	20	0.970	0.582
03	0.945	0.140	25	0.930	0.126	05	0.977	0.494	16	0.951	0.601	19	0.975	0.327

2. 简述测点位置确定方法。

二、计划与决策

引导问题三：根据《公路路基路面现场测试规程》（JTG E60—2008）路基路面几何尺寸检测的检测项目与要求完善表 8-2。

表 8-2 几何尺寸检测要求

结构名称	检查项目	规定值或容许偏差		检查频率
		高速、一级公路	其他公路	
土方路基	纵断高程/mm			水准仪：每 200 m 测（ ）点。
	中线偏位/mm			经纬仪：每 200 m 测（ ）点，弯道加 HY、YH 两点。
	宽度/mm			尺量：每 200 m 测（ ）处。
	横坡/%			水准仪，每 200 m 测（ ）个断面
	边坡			每 200 m 测（ ）处
水泥土基层	纵断高程/mm			水准仪：每 200 m 测（ ）点。
	宽度/mm			尺量：每 200 m 测（ ）处。
	横坡/%			水准仪，每 200 m 测（ ）个断面
沥青混凝土面层	纵断高程/mm			水准仪：每 200 m 测（ ）点。
	中线偏位/mm			经纬仪：每 200 m 测（ ）点，弯道加 HY、YH 两点。
	宽度/mm	有侧石：		尺量：每 200 m 测（ ）处。
		无侧石：		
	横坡/%			水准仪，每 200 m 测（ ）个断面

引导问题四：根据《公路路基路面现场测试规程》（JTG E60—2008）路面各结构层厚度的检测方法与结构层的层位和种类有关，基层和砂石路面的厚度可用挖坑法测定，沥青面层及水泥混凝土路面板的厚度应用钻孔法测定。对于路面各层施工完成后及工程交工验收检查使用时，必须进行厚度的检测。

抽检频率：水泥混凝土面层，每 200 m 每车道检查 2 处；沥青混凝土、沥青碎石及沥青贯入式面层，每 200 m 每车道检查 1 处；水泥稳定粒料基层及石灰稳定土底基层，每 200 m 每车道检查 1 处。

路面厚度代表值与极值的允许误差检测的检测项目与要求完善见表 8-3。

表 8-3　几种常用路面结构层厚度的代表值与极值的运行偏差

类型与层位		厚度/mm			
		代表值		合格值	
		高速、一级公路	其他公路	高速、一级公路	其他公路
水泥混凝土面层					
沥青混凝土、沥青碎石面层		总厚度：　%H 上面层：　%H	%H	总厚度：　%H 上面层：　%H	%H
沥青贯入式面层			%H 或　　mm		%H 或　　mm
水泥稳定粒料	基层				
	底基层				
石灰土	基层				
	底基层				

注：H 为路面厚度。

三、实施与控制

引导问题五：简述地质雷达检测路面厚度基本原理。

试验规程规定如下。

1. 路基路面几何尺寸检测。

（1）检测项目与要求。

在路基路面施工过程中和交工验收期间及旧路调查中，都需要检测路基路面各部分的几何尺寸，以保证其符合规定的要求。几何尺寸检测所用的仪器与材料有：钢尺、经纬仪、全站仪、精密水准仪、塔尺、粉笔等。

（2）准备工作。

（3）纵断面高程测定。

（4）路面横坡测定。

（5）路基路面宽度及中线偏差测定。

（6）检测路段数据处理。将路基路面几何尺寸检测结果汇总，然后按相关规范规定计算一个评定路段内测定值的平均值、标准差、变异系数，按照数理统计原理计算一个评定路段测定值的代表值。

计算代表值所使用的保证率，根据相应规范的规定取用。代表值计算公式：

单侧检验的指标：

$$x_1 = \overline{x} \pm S \cdot t_a / \sqrt{n} \tag{8-1}$$

双侧检验的指标：

$$x_1 = \overline{x} \pm S \cdot t_{a/2} / \sqrt{n} \tag{8-2}$$

其中　t_a 或 $t_a/2$ ——t 分布中随测点数和保证率（或置信度）而变化的系数。

路基路面高程、横坡检测记录表如表 8-4 所示。

表 8-4　路基路面高程、横坡检测记录表

工程名称 _____　　合同号 _____　　编号 _____

任务单号		试验环境	
试验日期		试验设备	
试验规程		试验人员	
评定标准		复核人员	

施工单位					工程部位					
现场桩号					试样描述					
测点桩号	幅别	纵断高程/m	设计高程/m	偏差/mm	路肩高程/m	高差/mm	两高程点间距离/m	横坡/%	设计横坡/%	偏差/%
高程测点数		合格点数		合格率/%		允许偏差/mm				
横坡测点数		合格点数		合格率/%		允许偏差/%				
结论										

2. 路面厚度检测。

（1）挖坑法测定路面厚度。在便于开挖的前提下，开挖面积应尽量缩小。用相同材料填补试坑。

（2）钻孔取样法测定路面厚度。用取样层相同材料填补孔洞。

（3）地质雷达检测路面厚度。其基本原理如下：不同介质具有不同的介电常数，地质雷达向地下发射一定强度的高频电磁脉冲波，电磁波在地下传播的过程中遇到不同介

电常数的界面时，一部分能量发生反射波，一部分能量继续向地下传播。地质雷达接收并记录这些反射信息。电磁波特定介质中的传播速度是不变的，根据地质雷达记录的路面表面发射波 R_0 与面层基层界面反射波 R_1 的时间差 Δt，按式（8-3）计算面层的厚度 h：

$$h = V \cdot \Delta t / 2 \tag{8-3}$$

需要利用钻孔取芯标定雷达波的速度。

（4）路面结构层厚度评定。

厚度代表值为厚度的算术平均值的下置信界限值，即

$$h_{\mathrm{L}} = \bar{h} - S \cdot t_a / \sqrt{n} \tag{8-4}$$

其中：t_a——t 分布中随测点数和保证率（或置信度）而变的系数。采用的保证率：高速、一级公路基层、底基层为 99%，面层为 95%；其他公路基层、底基层为 95%，面层为 90%。

路面厚度测试记录表如表 8-5 所示。

表 8-5　路面厚度测试记录表

承包单位：　　　　　　　　　　　　　　　　　　　合同号：

监理单位：　　　　　　　　　　　　　　　　　　　编号：

名　称			起止桩号		
测试方式及工具名称					
桩号	距中桩距离/m	厚度/mm	桩号	距中桩距离/m	厚度/mm
设计厚度	$n=$	代表值允许偏差 $X=$		极值允许偏差	$S = t_a / \sqrt{n} =$
$X_{\mathrm{L}} = X - S \times (t_a / \sqrt{n}) =$			超过极值的点数 $m=$		
厚度合格率 $(n-m) \div n \times 100\% =$					
承包人自检意见： 年　　月　　日			监理人员意见： 年　　月　　日		

小测试：某路段水泥混凝土路面板厚度检测数据如下，保证率为95%，设计厚度 h_d=25 cm，代表值容许偏差 Δh=5 mm，试对该路段的板厚进行评价。

检测结果：共30点，分别如下所示。

25.1，24.8，25.1，24.6，24.7，25.4，25.2，25.3，24.7，24.9，24.9，24.8，25.3，25.3，25.2，25.0，25.1，24.8，25.0，25.1，24.7，24.9，25.0，25.4，25.2，25.1，25.0，25.0，25.5，25.4。

四、实施与控制

1. 本次任务完成情况的自评。

2. 本次任务增加的经验值包括哪些？

任务九 路面平整度检测与评价（3 m直尺法）

学习任务

路面平整度是评定路面使用质量、施工质量及现有路面破坏程度的重要指标之一。它直接关系到行车安全性、舒适性以及营运经济性，并影响着路面使用年限。路面平整度的检测设备分为断面类及反应类。断面类设备是测定路面表面凸凹情况的一种仪器，如最常用的3 m直尺法及连续式平整度仪法。

平整度检测评定指标路面平整度的检测输出指数比较多，有些国家地区使用的检测指标，比如：澳大利亚的NAASRA指数，法国的APL指数，加拿大的PSI指数，也有世界性组织国际上较为通用的国际平整度IRI。也有相关行业如：汽车设计研究行业评价路面的PSD指数等。而在我国，常用的还有三米直尺量测的最大间隙h及标准偏差σ。

某一级公路，路面施工已经结束，现需要对路面面层平整度进行检测，检测方法采用三米直尺法。

知识与能力训练

1. 三米直尺法检测平整度基本原理。
2. 三米直尺法检测平整度测试路段的测试地点选择。
3. 三米直尺法检测平整度测试步骤。
4. 三米直尺法检测平整度合格判定。

工期要求

1学时。

一、任务准备

引导问题一：路面平整度的测试分为断面类及反应类，请列举我们常用的路面平整度检测方法，并试着对其进行分类。

1. 查取路基施工规范（给出规范的名称和编号）中关于三米直尺法检测平整度适用范围及测试路段的测试地点选择的规定。

2. 三米直尺法检测平整度适用范围是什么？

3. 简述三米直尺法检测平整度测试路段的测试地点选择。

小测试：下面的说法是否正确？

1. 三米直尺法检测路面平整度只适用于在建及新建公路工程，对旧路尤其是已形成车辙的路面，三米支持法已不适合。

2. 三米直尺法检测路面平整度可用于高速公路路基路面工程质量检查验收或进行路况评定。

引导问题二：路面表层平整度规定值是指交工验收时应达到的平整度要求，其检查测定以自动或半自动的平整度仪为主，全线每车道连续测定按每 100 m 输出结果计算合格率。采用 3 m 直尺测定路面各结构层平整度时，以最大间隙作为指标，按尺数计算合格率。那么水泥混凝土面层、沥青混凝土面层和沥青碎（砾）石面层、沥青贯入式面层（或上拌下贯式面层）、沥青表面处治面层对平整度的规定值或允许偏差及权值是如何规定的？请填写表 9-1。

表 9-1　路面平整度规定值现状

序　号	路面面层分类	最大间隙 h/mm、规定值或允许偏差		权值
		高速公路、一级公路	其他公路	
1	水泥混凝土面层			
2	沥青混凝土面层和沥青碎（砾）石面层			
3	沥青贯入式面层（或上拌下贯式面层）			
4	沥青表面处治面层			

二、计划与决策

引导问题三：本次检测所需要的规范、规程有哪些？

引导问题四：本次检测所需要的工具有哪些？（见表 9-2）

表 9-2　平整度检测所需工具

试验项目	工具名称	规格型号	责任人
三米直尺法检测平整度			

三、实施与控制

3 m 直尺测定法有单尺测定最大间隙和等距离（1.5 m）连续测定两种，前者常用于施工时质量控制和检查验收，单尺测定时要计算出测定段的合格率。等距离连续测试也同样可用于施工质量检查验收，但要算出标准差，用标准差来表示平整度程度。3 m 直尺测定尺底距离路表面的最大间隙来表示路面的平整度，以 mm 计。它适用于测定压实成型的路面各层表面的平整度，以此评定路面的施工质量及使用质量。它也可用于路基表面成型后的施工平整度检测。

试验规程规定如下。

1. 方法与步骤

（1）准备工作。

① 选择测试路段。

② 在测试路段路面上选择测试地点：当施工过程中需要进行质量检测时，测试地点根据需要确定，可以单杆检测；当为路基路面工程质量检查验收或进行路况评定需

要时，应连续测量 10 次。除特殊需要外，应以行车道一侧车轮轮迹（距车道标线 80 ~ 100 cm）作为连续检测的标准位置。对旧路已形成车辙的路面，应取车辙中间位置为测定位置，用粉笔在路面上做好标记。

③ 清扫路面。

（2）测试步骤。

① 根据需要确定的方向，将 3 m 直尺摆在测试地点的路面上。

② 目测 3 m 直尺与路面之间的间隙，确定间隙最大的位置。

③ 用有高度标线的塞尺塞进间隙处，量记其最大间隙的高度（mm），准确至 0.2 mm。

2. 数据处理与评定

单尺检测路面的平整度计算，以 3 m 直尺与路面之间的最大间隙为测定结果，连续测定 10 尺时，判断每个测定值是否合格，根据要求计算合格百分率，并计算 10 个最大间隙的平均值。

$$合格率（\%）=合格尺数/总测尺数 \times 100 \tag{9-1}$$

小测试：什么是 IRI？如何采用 IRI 作为路面平整度的检测和评定指标？

四、总结与反馈

1. 本次任务完成情况的自评。

2. 本次任务增加的经验值包括哪些？

任务十　沥青路面渗水系数测试

学习任务

　　当雨后沥青路面在饱水状态下承受重载车辆冲击与动水压力的反复作用时，沥青膜与矿料渐渐剥离的同时发生液化，集料就将飞散，形成松散的凹坑，若不及时予以修补，极易发展扩大成坑槽，造成更大的损坏，当这个过程辅以冻融条件时，病害发展的速度还会加快。

　　路面的透水性就是用路面渗水仪在一定的初始静水压头的作用下，以单位时间内渗入一定路面面积内的水量来表示，反映路面的渗水程度。

　　某二级公路为沥青路面，已建成通车，现需要对其路面渗水系数进行测试。

知识与能力训练

1. 路面渗水系数的概念和计算方法。
2. 路面渗水系数的影响因素。
3. 路面渗水系数测试过程中出现各种情况的原因判定。
4. 路面渗水系数测试的方法与步骤。

工期要求

1 学时。

一、任务准备

引导问题一：为什么要进行路面渗水系数测试？

渗入沥青路面空隙中的水，在车轮荷载的作用下，产生动水压力和真空负压抽吸的反复循环作用，水分逐渐深入到沥青与集料的界面上，使沥青黏附性降低并逐渐丧失黏聚力，沥青膜从石料表面脱离，沥青混合料剥落、松散，继而产生沥青路面的坑槽、堆挤变形等的损坏现象。因此，无论哪种级配的沥青混合料，当水渗入后，在大量交通行驶车辆特别是重型车辆行驶作用下，都会产生严重的水损害。沥青路面水损害归根到底是由于沥青路面存在渗水现象，而造成沥青路面渗水的原因有很多，也很复杂。国内外的研究表明，影响沥青路面抗渗水性能最重要的因素包括沥青路面的现场空隙率、沥青混合料级配类型以及沥青面层厚度。这三者都直接或间接地影响着沥青路面的抗渗水性能。

小测试：下面的说法是否正确？

某一级公路，若整个沥青面层均透水，则水势必定进入基层或路基，使路面承载力降低；相反，如果沥青面层中有一层不透水，而表层能很快透水，则不致形成水膜，能较大提高抗滑性能。

引导问题二：沥青路面的渗水形式主要有几种？如何准确区分下渗和侧渗？

沥青路面的渗水形式主要有以下三种。

（1）上下连通式的透水，即下渗，主要是指孔隙上下连通，水从表面的孔隙直接通过表面层进入下一级的表面层，甚至直接进入基层。这种路面的渗水在做渗水试验时表现为：渗水仪底盘的周围没有水迹，但是液柱下降很快，说明水主要是向下渗透。

（2）水平方向的渗水，即侧渗，主要是指面层结构内的孔隙水平方向连通，或者形成 U 形管形状的连通，此时水从表面的孔隙进入，在路面的结构层内蜿蜒前行，最后又从表面的孔隙中渗出。这种渗水在做渗水试验时表现为：液柱下降很快，同时底盘周围有很多的水迹。这种现象很容易被人们所忽视，认为是渗水仪密封不好。但是，如果仔细观察，就会发现水不是从渗水仪底盘的周围直接渗出的，而是从周围的路面上冒出来的。

（3）复合式渗水。既有上下连通式的渗水，也有水平方向的渗水。一般来说，完全的水平方向的渗水很少。

二、计划与决策

引导问题三：本次检测所需要的规范、规程有哪些？

查找规范有关路面渗水仪的规定，路面渗水仪主要由哪几部分构成：

引导问题四：本次检测所需要的工具有哪些？（见表 10-1）

表 10-1　路面渗水系数测试所需工具

试验项目	工具名称	规格型号	责任人
路面渗水系数测试			

三、实施与控制

引导问题五：如何保证在测试过程中渗水仪与路面的密封效果？

试验规程规定如下。

1. 方法与步骤 。

（1）准备工作。

① 在测试路段的行车道路面上，按公路路基路面现场测试规程（JTC E60—2008）规程附录 A 公路路基路面现场测试随机选点方法选择测试位置，每一个检测路段应测定 5 个测点，并用粉笔画上测试标记。

② 试验前，首先用扫帚清扫表面，并用刷子将路面表面的杂物刷去。杂物的存在一方面会影响水的渗入，另一方面也会影响渗水仪和路面或者试件的密封效果。

（2）测试步骤。

① 将塑料圈置于试件中央或者路面表面的测点上，用粉笔分别沿塑料圈的内侧和外侧画上圈，在外环和内环之间的部分就是需要用密封材料进行密封的区域。

② 用密封材料对环状密封区域进行密封处理，注意不要使密封材料进入内圈。如果密封材料不小心进入内圈，必须用刮刀将其刮走。然后再将搓成拇指粗细的条状密封材料摆在环状密封区域的中央，并且摆成一圈。

③ 将渗水仪放在试件或者路面表面的测点上，注意使渗水仪的中心尽量和圆环中心重合，然后略微使劲将渗水仪压在条状密封材料表面，再将配重加上，以防压力水

从底座与路面间流出。

④ 将开关关闭，向量筒中注满水，然后打开开关，使量筒中的水往下流，排出渗水仪底部内的空气，当量筒中水面下降速度变慢时，用双手轻压渗水仪使其底部的气泡全部排出。关闭开关，并再次向量筒中注满水。

⑤ 打开开关，待水面下降至 100 mL 刻度时，立即开动秒表开始计时，每间隔 60 s，读记仪器管的刻度一次，至水面下降 500 mL 时为止。测试过程中，如水从底座与密封材料间渗出，说明底座与路面密封不好，应移至附近干燥路面处重新操作。如水面下降速度较慢，则测定 3 min 的渗水量即可停止；如果水面下降速度较快，在不到 3 min 的时间内到达 500 mL 刻度线，则记录到达 500 mL 刻度线时的时间；若水面下降至一定程度后基本保持不动，说明基本不透水或根本不透水，应在报告中注明。

在进行试验操作的过程中，有些测点的读数变化虽然明显，但是根据现场观察，水并非真正渗入路面内部，而是流入底座后仅滞留在路面表面上层，后又沿路表孔隙流出路面，这种现象在粗糙的路段比较常见，表明沥青面层还没有真正形成上下贯通的空隙，数据大并不能说明该处的渗水性大，要在对应测点处进行记录，以便在处理数据时慎重下结论。

⑥ 按以上步骤在同一个检测路段选择 5 个测点测定渗水系数，取其平均值作为检测结果。

2. 计算。

计算时以水面从 100 mL 下降到 500 mL 所需的时间为标准，若渗水时间过长，也可以采用 3 min 通过的水量计算。

$$C_w = \frac{V_2 - V_1}{t_2 - t_1} \times 60 \tag{10-1}$$

式中：C_w——路面渗水系数（mL/min）；

V_1——第一次计时时的水量（mL）；

V_2——第二次计时时的水量（mL）；

t_1——第一次计时时的时间（s）；

t_2——第二次计时时的时间（s）。

现场检测，每一个检测路段应测定 5 个测点，计算其平均值作为检测结果。若路面不透水，在报告中注明渗水系数为 0。

四、总结与反馈

1. 本次任务完成情况的自评。

2. 本次任务增加的经验值包括哪些？

任务十一　路面抗滑性能质量检测（手工铺砂法、摆式仪法）

学习任务

某一级公路进行竣工验收，该公路路面为沥青混凝土，现需要测定该公路的路面抗滑性能，请分别用手工铺砂法、摆式摩擦系数测定仪（摆式仪）测定沥青路面的抗滑值，用以评定路面在潮湿状态下的抗滑能力。

知识与能力训练

1. 抗滑性能测试方法
2. 摆式仪法测试指标磨阻摆值 BPN 原理、特点及适用范围。
3. 会根据实际情况检查相应试验工具。
4. 会选择合适的量砂，知道量砂粒径要求。
5. 会选择合适的橡胶片。
6. 能根据试验规程完成摆式仪试验并确定摆值（BPN），并进行温度修正。
7. 高速、一级公路沥青路面构造深度 TD 竣工验收值标准。
8. 高速、一级公路沥青路面抗滑性能摆值（BPN）竣工验收值标准。
9. 能对评定单元抗滑性能进行质量评定。

工期要求

4 学时。

一、任务准备

引导问题一：通常抗滑性能被看作路面性能的表面特性，包括路表面微观构造和宏观构造，都是用哪些检测项目测得的呢？各检测项目测得的参数是什么？

1. 查取规范《公路路基路面现场测试规程》（JTG E60—2008）、《公路工程质量检验评定标准》（JTGF80—2004）中关于沥青混凝土面层抗滑性能实测项目的规定。

2. 判断抗滑性能是否合格，常常需要做如下的检测项目，其测试结果分别如下。
（1）手工铺砂法测定路面构造深度试验方法：
（2）电动铺砂法测定路面构造深度试验方法：
（3）单、双轮式横向力系数测试系统测定路面摩擦系数试验方法：
（4）摆式仪测定路面摩擦系数试验方法：
（5）车载式激光构造深度仪测定路面构造深度试验方法：

小测试：下面的说法是否正确？
路面抗滑性能表面特性包括路表面微观构造（用构造深度表示）和宏观构造（通常用石料磨光值 PSV 表示）。

引导问题二：影响路面抗滑性能的主要因素有哪些？

二、计划与决策

引导问题三：本次检测所需要的规范、规程有哪些？

查找规范有关抗滑性能测试的规定，沥青混凝土面层抗滑性能检查方法和频率要求是：

引导问题四：本次检测所需要的工具有哪些？（见表 11-1）

表 11-1 路面抗滑性能质量检测表

试验项目	工具名称	规格型号	责任人
手工铺砂法试验			
摆式仪法试验			

三、实施与控制

引导问题五：路面表面构造深度测定点结果如何计算？

试验规程规定如下。

1. 准备工作。

（1）量砂准备：取洁净的细砂，晾干过筛，取 0.15～0.3 mm 的砂放入适当的容器中备用。量砂只能在路面上使用一次，不宜重复使用。

（2）按本规程附录 A 的方法，对测试路段按随机取样选点的方法，决定测点所在的横断面位置。测点应选在车道的轮迹带上，距路面边缘不应小于 1 m。

2. 测试步骤。

（1）用扫帚或毛刷子将测点附近的路面清扫干净，面积不小于 30 mm×30 mm。

（2）用小铲装砂，沿筒壁向圆筒中注满砂，手提圆筒上方，在硬质路表面轻轻地叩打 3 次，使砂密实；补足砂面，用钢尺一次刮平。

注：不可直接用量砂筒装砂，以免影响量砂密度的均匀性。

（3）将砂倒在路面上，用底面粘有橡胶片的推平板，由里向外重复做旋转摊铺运动，稍稍用力将砂细心地尽可能向外摊开，使砂填入凹凸不平的路表面的空隙中，尽可能将砂摊成圆形，并不得在表面上留有浮动余砂。注意，摊铺时不可用力过大或向外推挤。

（4）用钢板尺测量所构成圆的两个垂直方向的直径，取其平均值，准确至 5 mm。

（5）按以上方法，同一处平行测定不小于 3 次，3 个测点均位于轮迹带上，测点间距 3～5 m。对同一处，应该由同一个试验员进行测定。该处的测定位置以中间测点的位置表示。

3．计算。

（1）路面表面构造深度测定结果：

$$TD = \frac{1000V}{\pi D^2 / 4} = \frac{31\,831}{D^2}$$ （11-1）

式中　TD——路面表面构造深度（mm）；

　　　　V——砂的体积（25 cm³）；

　　　　D——摊平砂的平均直径（mm）。

（2）每一处均取 3 次路面构造深度测定结果的平均值作为试验结果，准确至 0.01 mm（见表 11-2）。

表 11-2　手工铺砂法测定路面构造深度记录表

编号：001

项目名称		施工单位		市公司		施工日期	
合　同　段		监理单位		监理单位			
单位工程		检验单位		检测单位		检测日期	
分部工程			工程部位				
分项工程			桩号范围				
检测层位			构造深度设计值/mm			从到	

桩号	位置	圆直径 D/mm			构造深度 TD/mm	平均构造深度 TD/mm
		1	2	平均		

自检意见					
监理意见			原始记录本	表号	
				册号	
				页码	序号

检测人：　　　　复核：　　　　试验监理工程师：

引导问题六：如何将路面单点测定值 BPN_t 换算成经温度修正后的 BPN_{20}？

试验规程规定如下。

1. 测试步骤。

（1）清洁路面：用扫帚或其他工具将测点处的路面打扫干净。

（2）仪器调平。

① 将仪器置于路面测点上，并使摆的摆动方向与行车方向一致。

② 转动底座上的调平螺栓，使水准泡居中。

（3）调零。

① 放松紧固把手，转动升降把手，使摆升高并能自由摆动，然后旋紧紧固把手。

② 将摆固定在右侧悬臂上，使摆处于水平释放位置，并把指针拨至右端与摆杆平行处。

③ 按下释放开关，使摆向左带动指针摆动，当摆达到最高位置后下落时，用手将摆杆接住，此时指针应指零。

④ 若不指零，可稍旋紧或旋松摆的调节螺母。

⑤ 重复上述 4 个步骤，直至指针指零。调零允许误差为±1。

（4）校准滑动长度。

① 使摆处于自然下垂状态，松开固定把手，转动升降把手，使摆下降。与此同时，提起举升柄使摆向左侧移动，然后放下举升柄使橡胶片下缘轻轻触地，紧靠橡胶片摆放滑动长度量尺，使量尺左侧对准橡胶片下缘；再提起举升柄使摆向右侧移动，然后放下举升柄使橡胶片下缘轻轻触地，检查橡胶片下缘是否与滑动长度量尺的右端齐平。

② 若齐平，则说明橡胶片两次触地的距离（滑动长度）符合 126 mm 的规定。校核滑动长度时，应以橡胶片长边刚刚接触路面为准，不可借摆的力量向前滑动，以免标定的滑动长度与实际不符。

③ 若不齐平，则升高、降低摆或仪器底座的高度。微调时用旋转仪器底座上的调平螺丝调整仪器底座高度的方法比较方便，但须注意保持水准泡居中。

（5）将摆固定在右侧悬臂上，使摆处于水平释放位置，并把指针拨至右侧与摆杆平行处。

（6）用喷水壶浇洒测点，使路面处于湿润状态。

（7）按下右侧悬臂上的释放开关，使摆在路面滑过。当摆杆回落时，用手接住，读数但不记录。然后使摆杆和指针重新置于水平释放位置。

（8）重复步骤（6）和（7）的操作 5 次，并读、记每次测定的摆值。

单点测定的 5 个值中最大值与最小值的差值不得大于 3。如差值大于 3，则应检查产生的原因，并再次重复上述各项操作，至符合规定为止。

（9）在测点位置用温度计测记潮湿路表温度，精确至 1 ℃。

（10）每个测点由 3 个单点组成，即需按以上方法在同一测点处平行测定 3 次，以 3 次测定结果的平均值作为该测点的代表值（精确到 1）。

3 个单点均应位于轮迹带上，单点间距离为 3～5 m。该测点的位置以中间单点的位置表示。

2. 抗滑值的温度修正。

当路面温度为 t（℃）时，测得的摆值为 BPN_t 必须按式（11-2）换算成标准温度 20 ℃的摆值 BPN_{20}。

$$BPN_{20} = BPN_t + \Delta BPN \qquad （11-2）$$

式中　BPN_{20}——换算成标准温度 20 ℃时的摆值；

　　　BPN_t——路面温度 t 时测得的摆值；

　　　ΔBPN——温度修正值按表 11-3 采用。

表 11-3　温度修正值

温度/℃	0	5	10	15	20	25	30	35	40
温度修正值 ΔBPN	－ 6	－ 4	－ 3	－ 1	0	＋2	＋3	＋5	＋7

3. 试验报告（见表 11-4）。

表 11-4　路面抗滑性能试验报告

路段桩号								结构类型			
组数	测点桩号	横距/m	摆值（BPN）						测点平均值（BPN）	路面温度/℃	20 ℃摆值
			1	2	3	4	5	平均值			
平均值				标准差					变异系数		
结论											

四、总结与反馈

1. 本次任务完成情况的自评。

2. 本次任务增加的经验值包括哪些？

任务十二　混凝土内部缺陷与损伤检测方法（超声波法）

学习任务

某桥梁混凝土构件，利用无损检测方法（超声波法），检测出该桥梁混凝土构件的内部缺陷，了解超声波法的基本原理，并根据相关规范判断该构件的缺陷等级。

知识与能力训练

1. 超声波法基本原理。
2. 超声波检测仪器的适用过程。
3. 超声波法检测结论判定。

工期要求

4 学时。

一、任务准备

引导问题一：一般混凝土桥梁构件的外部缺陷比较容易发现并判别，那么混凝土内部是否有缺陷该如何判断呢？可以利用局部破坏法来进行判别么？

近年来涉及桥梁质量问题的新闻报道屡屡见诸报端，而质量不佳往往会带来巨大的人员及财产损失，那么针对近年来一些影响较大的桥梁垮塌新闻，请列举你认为桥梁结构方面容易出现质量问题的因素：

小测试：下面的说法是否正确？

按照最新的城市桥梁设计规范，桥梁的设计基准期为 100 a，桥梁设计使用年限：小桥 30 a，中桥 50 a，大桥 100 a。

引导问题二：超声波法在混凝土检测中的应用是怎样的？

在弹性介质中传播的振动称为弹性波，人耳可闻的弹性波范围为 20～20 000 Hz，称为声波；低于此范围的弹性波称为次声波；频率超过 20 000 Hz，并且不能引起听觉的弹性波叫超声波。

假设混凝土中有一处缺陷，用超声法检测时，由于正常混凝土是连续体，因此超声波在其中正常传播。当换能器正对着缺陷时，由于混凝土连续性中断，缺陷区与混凝土之间出现界面（空气与混凝土）。在界面上，超声波传播发生反射、散射与绕射。超声波用于混凝土缺陷评估的 4 个声学参数——声时（或波速）、振幅、频率和波形将发生变化。

二、计划与决策

引导问题三：本次检测所需要的规范、规程有哪些？

超声波法在工程检测领域应用十分广泛，同学们可以不仅仅局限于桥梁混凝土构件内部缺陷这一个应用来查找规范，还可以扩展到基础、隧道等方面来思考。

引导问题四：本次检测所需要的仪器设备有哪些？（见表12-1）

表 12-1　混凝土内部缺陷与操作检测表

试验项目	工具名称	规格型号	责任人
超声波法检测混凝土内部缺陷			

三、实施与控制

引导问题五：声学参数相关关系是怎样的？

1. 声速。

（1）弹性模量↑，孔隙率↓，密实度↑，则声速↑。

（2）强度↑，则声速↑。

（3）混凝土内部有缺陷（孔洞、蜂窝），则声速↘。

（4）超声波穿过裂缝传播，则声速↘。

声速可以反映混凝土的性能与内部情况。

2. 振幅。

振幅是指首波，即第一个波前半周的幅值，反映了接收到的声波强弱。

（1）强度↑，则振幅↑。

（2）内部有缺陷、裂缝，则振幅↓。

振幅与仪器性能、耦合状况、测距大小均有关系，没有统一的度量标准，目前只作为同条件（同一仪器、同一状态、同一测距）下相对比较用。

3. 频率。

超声波检测中，电脉冲激发出的声脉冲信号是复频超声脉冲波，包含了一系列不同频率成分。测距越远，高频成分衰减越多。混凝土内部缺陷及裂缝使主频下降。

频率与仪器性能、耦合状况、测距大小均有关系，没有统一的度量标准，目前只作为同条件（同一仪器、同一状态、同一测距）下相对比较用

各频率成分通过频谱分析取得。

4. 波形。

波形是指显示屏上显示的接收波波形。它是直达波、反射波、绕射波、纵波、横波、表面波等的综合反映。波形分析常集中于波前部的纵波。目前对波形的研究只能做一般的观察、记录。

引导问题六：混凝土裂缝深度检测中，平测法与斜测法的区别是怎样的？

试验规程规定如下。

1. 混凝土裂缝深度检测（见图12-1）。

（1）平测法。

① 适用范围：只有一个表面可供超声检测，裂缝深度不大于500 mm。

② 检测步骤：第一步，不跨缝声时测量：将 T 和 R 置于裂缝同一侧，分别取两个换能器内边缘距离 l'_i 为 100 mm、150 mm、200 mm……，读取声时值 t_i，绘制"时-距"坐标图。或用回归分析法计算：$l'_i = a + bt_i$，则每测点超声波实际传播距离 $l_i = l'_i + |a|$，得出超声波传播速度：

$$v = (l'_n - l'_1)/(t_n - t_1) \text{ 或 } v = b \tag{12-1}$$

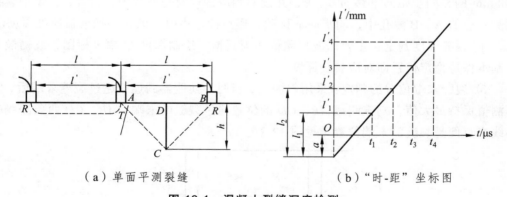

（a）单面平测裂缝　　　　　　（b）"时-距"坐标图

图 12-1　混凝土裂缝深度检测

第二步，跨缝声时测量：将 T 和 R 置于裂缝对称的两侧，l'_i 取 100 mm、150 mm、200 mm…，分别读取声时值 t_{ci}，同时观测首波相位的变化。

第三步，计算。裂缝深度计算如下：

$$h_{ci} = \frac{l_i}{2} \cdot \sqrt{\left(\frac{t_{ci} v}{l_i}\right)^2 - 1} \tag{12-2}$$

$$m_{hc} = \frac{1}{n} \cdot \sum_{i=1}^{n} h_{ci}$$

（12-3）

③ 裂缝深度的确定。跨缝测量中，当在某测距发现首波反相时，取该测距及两个相邻测距的裂缝深度平均值；无反相时，则剔除 $l_i' < m_{hc}$ 和 $l_i' > 3m_{hc}$ 数据，取余下的 h_{ci} 的平均值。当有钢筋穿过裂缝时，换能器须离开钢筋一定距离或将 T、R 连线与钢筋轴线形成一定角度（40°～50°）。裂缝中不得有水或泥浆充填。

（2）斜测法。

① 适用范围：结构裂缝部位有一对相互平行的表面时，应优先选用。

② 测量方法：保持 T、R 换能器连线的距离相等、倾斜角一致，进行过缝与不过缝检测，分别读取相应的声时、波幅和频率值。T、R 连线通过裂缝时的波幅与频率比不过缝测点比较，存在显著差异。

（3）钻孔测法。

① 适用范围：大体积混凝土，裂缝深度大于 500 mm，被测混凝土允许在裂缝两侧钻测试孔。

② 钻孔要求：孔径大于换能器直径 5～10 mm；测孔深度应大于裂缝深度 600～800 mm；对应的两个测孔应始终位于裂缝两侧，并且平行；对应测孔间距宜为 2 m 左右，同一结构各对应测孔的间距应相同；孔中粉末碎屑应清理干净；横向测孔的轴线应具有一定的倾斜角；宜在裂缝一侧多钻一个孔距相同但较浅的孔。

③ 测试方法：测试孔注满清水，将 T、R 置于裂缝同侧的 B、C 孔中；以 200～300 mm 的相同步距向下移动 T、R，并读取相应的声时与波幅值；将 T、R 置于裂缝两侧对应的 A、B 测孔中，同步向下移动，逐点读取声时、波幅和换能器所处深度。

④ 裂缝深度判定：主要以波幅测值作为判据。绘制深度-波幅坐标图，波幅最大并基本保持稳定位置即对应裂缝深度。

⑤ 裂缝末端位置的判定：采用斜测法，当两个换能器的连线超过裂缝末端后，波幅测值保持最大值，判定测线 AB、CD 的位置通过裂缝的末端，AB、CD 两条测线的连线交点便是裂缝的末端位置（见图 12-2）。

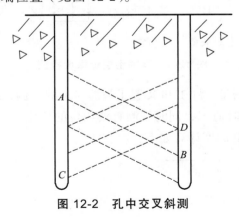

图 12-2　孔中交叉斜测

2. 混凝土不密实区和空洞检测。

（1）测试方法。

① 平面对测：结构被测部位有两对互相平行表面；在测区的两对平行表面上，画100～300mm网格并逐点编号；测量对应测点的声时、波幅和频率（见图12-3）。

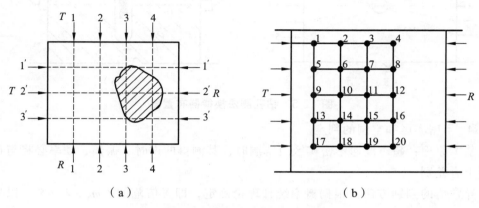

（a） （b）

图 12-3 对测法换能器布置

② 平面斜测：被测部位只在一对平行表面可供测试，或被测部位处于结构的特殊位置（见图12-4）。

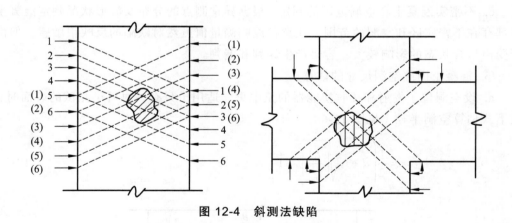

图 12-4 斜测法缺陷

③ 钻孔测法：适用于大体积混凝土；钻一个或多个平行于侧面的测孔，直径38～45mm，孔深根据测试要求确定。耦合：测孔用清水，侧面用黄油；测量同一高度或同步高度差的声时、波幅或频率（见图12-5）。

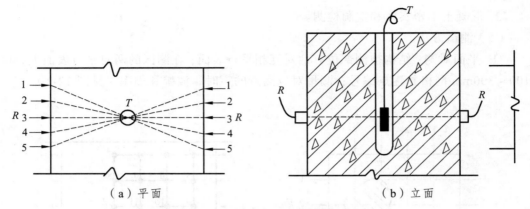

（a）平面　　　　　　　　　　　　（b）立面

图 12-5　钻孔测法换能器布置图

④ 不密实区和空洞的判定。

基本原理：超声波遇不密实区或空洞时，其测得的声时、振幅、频率必将与正常混凝土有差别。

异常值的判别方法：根据概率统计理论确定，即置信范围（$m_x \pm \lambda_1 \cdot S_x$）以外的观测值为异常值，同时应避免观测失误造成数据异常（检查表面是否平整、干净或是否存在别的干扰因素，必要时加密测点重复测试）。

a. 混凝土声学参数的统计计算。

b. 异常值的判别。

c. 不密实混凝土和空洞范围的判定。根据异常测点的分布及波形状况判定混凝土内部存在不密实区和空洞的范围。注意：波幅测量值虽然对缺陷的反映很敏感，但由于受声耦合状态的影响较大，容易产生误判和漏判。

⑤ 混凝土内部空洞尺寸的估算。

a. 设空洞位于发射和接收换能器的正中央，适用于只有一对可供测试的表面时，按下式估算空洞半径（见图 12-6）：

$$r = \frac{1}{2}\left(d + l \cdot \sqrt{\left(\frac{t_h}{t_m}\right)^2 - 1} \right) \tag{12-3}$$

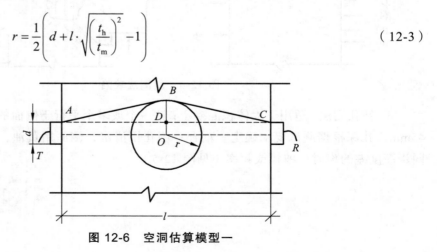

图 12-6　空洞估算模型一

b. 设空洞位于发射和接收换能器连线的任意位置，适用于有两对可供测试的表面时。设 $X=(t_h-t_m)/t_m$，$Y=l_h/l$，$Z=r/l$，则可根据 X、Y 值，由表 C.0.1 查得 Z 值，再计算空洞的大致半径 r（见图 12-7）。

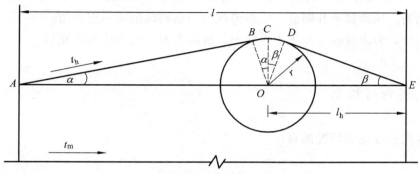

图 12-7　空洞估算模型二

3. 混凝土结合面质量检测。

（1）测试方法。

混凝土结合面质量测试方法有对测法和斜测法两种，测点布置要求：使测试范围覆盖全部结合面或有怀疑的部位，各对换能器连线应采用穿过和不穿过结合面布置，各对换能器连线的倾斜角、测距应相等，测点间距为 100～300 mm。测试各对测点的声时、波幅、主频值（见图 12-8）。

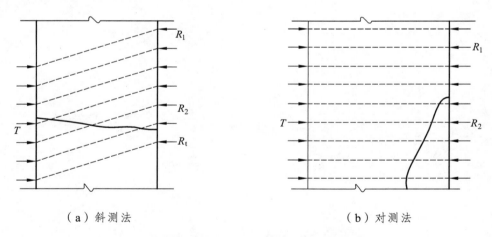

（a）斜测法　　　　　　　　　　　（b）对测法

图 12-8　混凝土结合面质量检测示意图

（2）数据处理及判定。

若测点数足够，则仍用统计方法判定；若测点数不足，或数据较离散，则可用通过结合面的声速、波幅值与不通过结合面的声速、波幅值比较，显著低者，可判为异常测点。被判为异常值的测点，查明无其他原因影响时，可判定这些部位的新老混凝土结合不良。

引导问题七：超声法检测混凝土缺陷的主要影响因素？

1. 耦合状态的影响。

耦合状态的影响有：测面平整、耦合剂厚度均一、无泥砂黏附。

2. 钢筋。换能器离开钢筋一定距离或与钢筋轴线形成一定夹角。

3. 水分。力求混凝土处于干燥状态，缺陷内的空气不能被水充填。

四、实施与控制

1. 本次任务完成情况的自评。

2. 本次任务增加的经验值包括哪些？

任务十三　桩基完整性检测方法（超声波法）

🎓 学习任务

某桥梁采用桩基础，利用无损检测方法（超声波法）检测该桩桩身完整性，并判定该桩等级。

🎯 知识与能力训练

1. 超声波法基本原理。
2. 超声波检测仪器的使用过程。
3. 桩基完整性检测结论判定。

✴ 工期要求

2 学时。

一、任务准备

引导问题一：桩身完整性判定对于桩基质量是如何进行分级的？可以利用哪些方法检测桩基完整性？

桩基是工程结构常用的基础形式之一，属于地下隐蔽工程，施工技术比较复杂，工艺流程相互衔接紧密，施工时稍有不慎，则极易出现断桩等多种形态复杂的质量缺陷，影响桩身的完整性和桩的承载能力，从而直接影响上部结构的安全。因此，对桩基质量的无损检测，具有特别重要的意义。

桩身的完整性检测是通过现场动力试验来判断桩身质量、内部缺陷的一种方法，常见的内部缺陷有夹泥、断裂、缩颈、混凝土离析及桩顶混凝土密实性较差等。桩身的完整性检测主要采用低应变检测法（即小应变法）和超声波透射法（即声测法），目前在国内外已广泛应用。超声波透射法，超声波测试是一种方法灵活、快捷、低投入、技术含量高的无损检测技术。

小测试：下面的说法是否正确？

1. 动测法的埋管必须平行。
2. 声测法常规检测一般均为双孔检测。
3. 钻孔灌注桩的混凝土质量密度越大，声速越快。
4. 声测法的埋管平行与否与测量精度无关。
5. 声测法埋四根管也属双孔检测。

引导问题二：简述桩基超声脉冲法检测的优缺点。

二、计划与决策

引导问题三：本次检测所需要的规范、规程有哪些？

引导问题四：本次检测所需要的仪器设备有哪些？（见表 13-1）

表 13-1　桩基完整性检测

试验项目	工具名称	规格型号	责任人
超声波法检测桩基完整性			

三、实施与控制

引导问题五：在进行超声波法检测桩基完整性时，为何要在声测管内注满清水？

引导问题六：根据超声波检测结果，如何进行桩身完整性判定？

试验规程规定如下。

1. 超声波检测仪器、检测方法及工作原理。

（1）测试仪器：超声波检测采用 RSM-SY7（W）型基桩多跨孔超声波自动循测仪。

（2）检测方法：超声波检测采用声波透射法。

（3）工作原理：在被测桩内预埋若干根竖向相互平行的声测管作为检测通道，将超声脉冲发射换能器与接收换能器置于声测管中，管中注满清水作为耦合剂，由仪器发射换能器发射超声脉冲，穿过待测的桩体混凝土，并经接收换能器被仪器所接收，判读出超声波穿过混凝土的声时、接收波首波的波幅以及接收波主频等参数。超声脉冲信号在混凝土的传播过程中因发生绕射、折射、多次反射及不同的吸收衰减，使接收信号在混凝土中传播的时间、振动幅度、波形及主频等发生变化，这样接收信号就携带了有关传播介质（即被测桩身混凝土）的密实缺陷情况、完整程度等信息。由仪器的数据处理与判断分析软件对接收信号的各种声参量进行综合分析，即可对桩身混凝土的完整性、内部缺陷性质、位置以及桩混凝土总体均匀性等级等做出判断，完成检测工作。超声波检测的工作原理如图 13-1 所示。

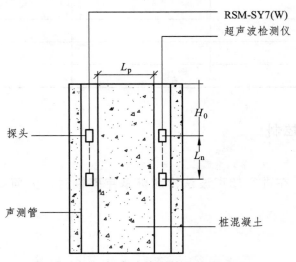

图 13-1　超声波检测的工作原理图

H_0—桩身第一测点的相对标高（m）；L_p—声测管外壁间的最小间距，即超声波测距（mm）；L_n—测点间距（mm）

声波检测参数：声时 T——混凝土测距间声波传播时间（μs）；波幅 A——接收波首波波幅（dB）。

（4）检测数据的分析处理。

① 检测数据统计分析参量。

a. 声速测量值的平均值：

$$V_a = \sum \left(\frac{V_i}{n} \right) \tag{13-1}$$

b. 声速测量值的标准差：

$$S_v = \sqrt{\frac{\sum V_i^2 - n V_a^2}{n-1}} \tag{13-2}$$

c. 声速测量值的离异系数

$$C_v = \frac{S_v}{V_a} \tag{13-3}$$

d. 波幅测量值的平均值：

$$A_a = \frac{\sum A_i}{n} \qquad\qquad (13\text{-}4)$$

② 桩身完整性及缺陷判据。

a. 声速判据：用平均声速减去 2 倍的标准差作为判断有无缺陷的临界值，即

$$V_0 = V_a - 2S_v \qquad\qquad (13\text{-}5)$$

b. 波幅判据：用接收信号能量的平均值的一半作为判断有无缺陷的临界值，即

$$A_0 = A_a - 6 \qquad\qquad (13\text{-}6)$$

c. $K \cdot \Delta T$ 判据：用声时-高程曲线上相邻两测点的斜率 K 及相邻两点声时值 ΔT 的乘积 $K \cdot \Delta T$ 作为判断缺陷的判据：

$$K_{\Delta t} = \frac{(T_i - T_{i-1})^2}{|H_i - H_{i-1}|} \quad (\mu s^2/cm) \qquad\qquad (13\text{-}7)$$

以基桩声速均值、声速离异系数、声速均方差、声速异常值判定值、波幅均值、波幅离异系数、波幅均方差、波幅异常值判定值及 $K \cdot \Delta T$ 作为桩身混凝土匀质性的判据，并综合接收波形的畸变以及主频漂移等多种因素，分析桩身完整性及缺陷性质。

（5）检测结果的判定。

① 桩身缺陷：以声速临界值、波幅临界值以及 PSD 判据进行综合判定。

② 桩身均匀性按声速离散系数 C_v 分为 A、B、C、D 四级，如表 13-2 所示。

表 13-2　声速离散系数级别表

砼匀质性等级	A	B	C	D
C_v	$C_v < 0.05$	$0.05 \leq C_v < 0.1$	$0.1 \leq C_v < 0.15$	$C_v \geq 0.15$

根据声波检测参数特征，评定混凝土构件质量可划分为以下四类。

Ⅰ类桩（基础）：混凝土质量优良，各检测剖面的每一测点声速、主频、波幅均未超临界值，混凝土均匀性等级为 A 级。

Ⅱ类桩（基础）：存在较轻缺陷，混凝土质量为合格类，某一检测剖面个别测点的声速超临界值，主频、波幅基本正常，混凝土均匀性等级为 B 级。

Ⅲ类桩（基础）：存在较严重缺陷，混凝土质量为不合格类，某一检测剖面多个测点的声速超临界值，或两个以上的检测剖面在同一测点附近的声速、声频超临界值，波幅降低，混凝土均匀性等级为 C 级。

Ⅳ类桩（基础）：存在严重缺陷、断桩或空洞。某一检测剖面多个测点的声速超临界值，或两个以上的检测剖面在某一深度连续多个测点的声速、声频及波幅严重地超临界值，声波接送信号严重畸变，混凝土均匀性等级为 D 级。共检测桩 1 根。

2. 检测结果分析与汇总（见表 13-3）。

表 13-3 检测结果

序号	桩号	施工日期	测试日期	桩径/mm	桩长/m	平均声速 /km·s⁻¹	平均声幅 /dB	桩身完整性	类别

3. 检测报告（见表 13-4）。

表 13-4 超声波单桩检测报告

项目名称		交通学校试桩基地			桩号		#桩
检测单位					测试人		
测试日期							
检测规程					审核人		

施工日期			主要仪器设备				
桩型	钻孔灌注	设计强度等级		设计桩径/mm		实测桩长/m	

平面测管示意图	测试结果	V_m /km·s⁻¹	A_m /dB	VD /km·s⁻¹	AD /dB
北 1 2 3	1-2				
	1-3				
	2-3				
	备注				

检测结果：

简述超声波法现场检测桩基的完整性的步骤。

小测试：

超声波检测桩基完整性的判定方法包括（　　　　）。

A. 声速判据

B. 声时判据

C. PSD 判据

D. 波幅判据

E. 波形判据

四、总结与反馈

1. 本次任务完成情况的自评。

2. 本次任务增加的经验值包括哪些？

任务十四 路基路面排水与防护工程检测

学习任务

某新建城镇公共设施和工业企业的室外给排水管道工程的施工及验收。

知识与能力训练

1. 掌握相关排水相关术语。
2. 掌握相关排水工程质量检验应符合规定。
3. 掌握闭水法试验。
4. 掌握注水法试验。
5. 掌握闭气法试验。
6. 掌握相关排水工程质量验收标准。

工期要求

4 学时。

一、任务准备

引导问题一：路基路面排水与防护工程检测准备工作？

根据《给水排水管道工程施工及验收规范》（GB 50268—2008），简述给排水管道工程分项、分部、单位工程如何划分。

小测试：沟槽底部的开挖宽度应符合设计要求；设计无要求时，应如何计算确定？

提示：根据《给水排水管道工程施工及验收规范》（GB 50268—2008）进行解答。

引导问题二：根据《城镇道路工程施工质量验收规范》（CJJ1—2008），倒虹管施工应符合哪些规定？

二、计划与决策

引导问题三：根据《城镇道路工程施工质量验收规范》（CJJ 1—2008），沟槽回填土施工应符合哪些规定？

引导问题四：根据《城镇道路工程施工质量验收规范》（CJJ 1—2008），雨水支管与雨水口允许偏差应符合哪些规定？砌筑排水沟或截水沟允许偏差应符合哪些规定？倒虹管允许偏差应符合哪些规定？预制管材涵洞允许偏差应符合哪些规定？护坡允许偏差应符合哪些规定？（见表 14-1～14-5）

表 14-1　雨水支管与雨水口允许偏差

项目	允许偏差/mm	检验频率		检验方法
		范围	点数	
井框与井壁吻合	≤	每座	1	用钢尺量
井框与周边路面吻合	0 −10		1	用直尺量
雨水口与路边线间距	≤		1	用钢尺量
井内尺寸	+20 0		1	用钢尺量，最大值

表 14-2　砌筑排水沟或截水沟允许偏差

项目	允许偏差/mm		检验频率		检验方法
			范围/m	点数	
轴线偏移	≤30		100	2	用经纬仪和钢尺量
沟断面尺寸	砌石	±20	40	1	用钢尺量
	砌块	±10			
沟底高程	砌石	±20	20	1	用水准仪测量
	砌块	±10			
墙面垂直度	砌石	≤30	40	2	用垂线、钢尺量
	砌块	≤15			
墙面平整度	砌石	≤30		2	用 2 m 直尺、塞尺量
	砌块	≤10			
边线直顺度	砌石	≤20		2	用 20 m 小线和钢尺量
	砌块	≤10			
盖板压墙长度	±20			2	用钢尺量

表 14-3　倒虹管允许偏差

项目	允许偏差/mm	检验频率		检验方法
		范围	点数	
轴线偏移	≤30	每座	2	用经纬仪和钢尺量
内底高程	±15		2	用水准仪测量
倒虹管长度	不小于设计值		1	用钢尺量
相邻管错口	≤5	每井段	4	用钢板和塞尺量

表 14-4　预制管材涵洞允许偏差

项目	允许偏差/mm		检验频率		检验方法
			范围	点数	
轴线偏移	≤20		每道	2	用经纬仪和钢尺量
内底高程	D≤1 000	±10		2	用水准仪测量
	D>1 000	±15			
涵管长度	不小于设计值			1	用钢尺量
相邻管错口	D≤1 000	≤3	每节	4	用钢板和塞尺量
	D>1 000	≤5			

注：D 为管道内径。

表 14-5　护坡允许偏差

项目		允许偏差/mm			检验频率		检验方法
		浆砌块石	浆砌料石	混凝土砌块	范围	点数	
基底高程	土方	±20			20 m	2	用水准仪测量
	石方	±100				2	
垫层厚度		±20			20 m	2	用钢尺量
砌体厚度		不小于设计值			每沉降缝	2	用钢尺量顶、底各 1 处
坡度		不陡于设计值			每 20 m	1	用坡度尺量
平整度		≤30	≤15	≤10	每座	1	用 2m 直尺、塞尺量
顶面高程		±50	±30	±30	每座	2	用水准仪测量两端部
顶边线型		≤30	≤10	≤10	100 m	1	用 20m 线和钢尺量

三、实施与控制

引导问题五：简述压力管道水压试验、无压管道的闭水试验、无压管道的闭气试验全过程。

试验规程规定如下。

附录 C　注水法试验

（1）压力升至试验压力后开始计时，每当压力下降，应及时向管道内补水，但最大压降不得大于 0.03 MPa，保持管道试验压力恒定，恒压延续时间不得少于 2 h，并计量恒压时间内补入试验管段内的水量。

（2）实测渗水量应按式（14-1）计算：

$$q = \frac{W}{T \cdot L} \times 1000 \tag{14-1}$$

式中 q——实测渗水量（L/min·km）；

      W——恒压时间内补入管道的水量（L）；

      T——从开始计时至保持恒压结束的时间（min）；

      L——试验管段的长度（m）。

（3）注水法试验应进行记录，记录表格宜符合表 14-6 中的规定。

表 14-6   注水法试验记录表

工程名称				试验日期		年 月 日	
桩号及地段							
管道内径/mm		管材种类		接口种类		试验段长度/m	
工作压力/MPa		试验压力/MPa		15 min 降压值/MPa		允许渗水量/[L/（min·km）]	
渗水量测定记录	次数	达到试验压力的时间 t_1	恒压结束时间 t_2	恒压时间 T/min	恒压时间内补入的水量 W/L	实测渗水量 q/[L/（min·km）]	
	1						
	2						
	3						
	4						
	5						
	折合平均实测渗水量/[L/（min·km）]						
外观							
评语							

施工单位：   试验负责人：

监理单位：   设计单位：

建设单位：   记录员：

附录 D 闭水法试验

（1）闭水法试验应符合下列程序：

① 试验管段灌满水后浸泡时间不应少于 24 h；

② 试验水头应按本规范第 9.3.4 条的规定确定；

③ 试验水头达规定水头时开始计时，观测管道的渗水量，直至观测结束时，应不断地向试验管段内补水，保持试验水头恒定，渗水量的观测时间不得小于 30 min；

④ 实测渗水量应按式（14-2）计算：

$$q = \frac{W}{T \cdot L} \tag{14-2}$$

式中　q——实测渗水量（L/min·km）；

W——补水量（L）；

T——实测渗水观测时间（min）；

L——试验管段的长度（m）。

（2）闭水试验应作记录，记录表格应符合表 14-7 的规定。

表 14-7　管道闭水试验记录表

工程名称				试验日期		年月日	
桩号及地段							
管道内径/mm		管材种类		接口种类		试验段长度/m	
试验段上游设计水头/m			试验水头/m		允许渗水量[m³/（24 h·km）]		
渗水量测定记录	次数	观测起始时间 t_1	观测结束时间 t_2	恒压时间 T/min	恒压时间内补入的水量 W/L	实测渗水量 q /[L/（min·km）]	
	1						
	2						
	3						
	折合平均实测渗水量[L/（min·km）]						
外观记录							
评语							

施工单位：　　　　　　　　　　　　　　试验负责人：

监理单位：　　　　　　　　　　　　　　设计单位：

建设单位：　　　　　　　　　　　　　　记录员：

附录 E 闭气法试验

（1）将进行闭气检验的排水管道两端用管堵密封，然后向管道内填充空气至一定的压力，在规定闭气时间测定管道内气体的压降值。检验装置如图 14-1 所示。

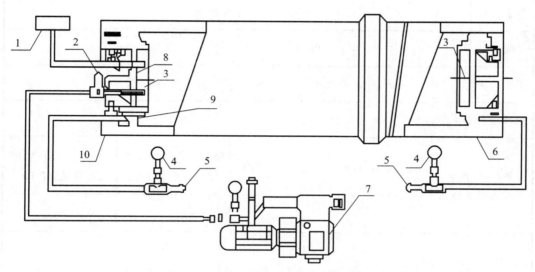

图 14-1 排水管道闭气检验装置图

1—膜盒压力表；2—气阀；3—管堵塑料封板；4—压力表；5—充气嘴；6—混凝土排水管道；7—空气压缩机；8—温度传感器；9—密封胶圈；10—管堵支撑脚

（2）检验步骤应符合下列规定。

① 对闭气试验的排水管道两端管口与管堵接触部分的内壁应进行处理,使其洁净磨光。

② 调整管堵支撑脚,分别将管堵安装在管道内部两端,每端接上压力表和充气罐,如图 14-1 所示。

③ 用打气筒向管堵密封胶圈内充气加压,观察压力表显示至 0.05 ~ 0.20 MPa,且不宜超过 0.20 MPa,将管道密封;锁紧管堵支撑脚,将其固定。

④ 用空气压缩机向管道内充气,膜盒表显示管道内气体压力至 3000 Pa,关闭气阀,使气体趋于稳定。记录膜盒表读数从 3000 Pa 降至 2000 Pa 历时不应少于 5 min;气压下降较快,可适当补气;下降太慢,可适当放气。

⑤ 膜盒表显示管道内气体压力达到 2000 Pa 时开始计时,在满足该管径的标准闭气时间规定,计时结束。记录此时管内实测气体压力 P,如 $P \geqslant 1\ 500$ Pa 则管道闭气试验合格,反之为不合格;管道闭气试验记录表见表 14-8。

表 14-8　管道闭气检验记录表

工程名称					
施工单位					
起止井号		号井段至　　　号井段共　　　m			
管径		ϕ　　mm 管		接口种类	
试验日期		试验次数	第　次　共　次	环境温度	℃
标准闭气时间/s					
≥1 600 mm 管道的内压修正	起始温度 T_1/s	终止温度 T_2/s		标准闭气时间时的管内压力值 P/Pa	修正后管内气体压降值 ΔP/Pa
检验结果					

施工单位：　　　　　　　　　　　　　　试验负责人：

监理单位：　　　　　　　　　　　　　　设计单位：

建设单位：　　　　　　　　　　　　　　记录员：

⑥ 管道闭气检验完毕，必须先排除管道内气体，再排除管堵密封圈内气体，最后卸下管堵。

⑦ 管道闭气检验工艺流程应符合图 14-2 规定。

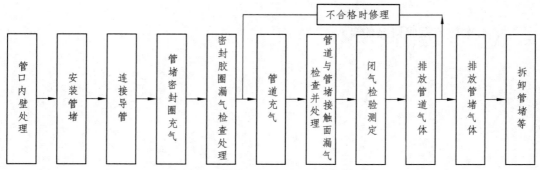

图 14-2　管道闭气检验工艺流程图

（3）漏气检查应符合下列规定。

① 管堵密封胶圈严禁漏气。

检查方法：管堵密封胶圈充气达到规定压力值 2 min 后，应无压降。在试验过程中应注意检查和进行必要的补气。

② 管道内气体趋于稳定过程中，用喷雾器喷洒发泡液检查管道漏气情况。

检查方法：检查管堵对管口的密封，不得出现气泡；检查管口及管壁漏气，发现漏气应及时用密封修补材料封堵或作相应处理；漏气部位较多时，管内压力下降较快，要及时进行补气，以便作详细检查。

四、实施与控制

1. 本次任务完成情况的自评。

2. 本次任务增加的经验值包括哪些？

参考文献

[1] JTG E60—2008，公路路基路面现场测试规程[S].

[2] JTG F80-1-2012，公路工程质量检验评定标准[S].

[3] JTG D50—2006，公路沥青路面设计规范[S].

[4] JTG/T F81-01—2004，公路工程基桩动测技术规程[S].

[5] CECS 21:2000，超声法检测混凝土缺陷技术规程[S].

[6] CECS 21:2000，超声法检测混凝土缺陷技术规程[S].

[7] GB 50268—2008，给水排水管道工程施工及验收规范[S].

[8] CJJ 1—2008，城镇道路工程施工质量验收规范[S].

[9] 崔晨. 浅谈沥青路面渗水系数[J]. 中小企业管理与科技，2010(3).

[10] 谢永利，马立峰. 沥青路面渗水系数影响因素研究[J]. 公路交通科技（应用技术版），2008（9）.

[11] 赵卫平. 路基路面检测技术[M]. 北京：人民交通出版社，2006.